石油教材出版基金资助项目

石油高等院校特色规划教材

秦皇岛地质实习指导书

邵先杰 褚庆忠 马平华 等编著

河北省科技计划项目资助

石油工业出版社

内 容 提 要

本书在介绍秦皇岛地区区域地质背景的基础上,以柳江盆地为中心,详细讲解了秦皇岛地区十五条地质实习线路对应的地质现象和特征,每条路线都包含有区域构造位置、教学内容、精细描述与分析,并提供思考题。为了提高指导书的实践性,提升学生们的分析和应用能力,本书在对实习点地质现象详细描述的基础上,从理论上进行了深入分析,拓展了学生的知识面,并结合典型的油田实例进行剖析,有助于学生打卜坚实的知识基础。

本书为地质工程、石油工程和资源勘查工程等专业的师生的实习用教材,也可供油田和相关研究院所的地质工程、石油工程等方面的技术人员参考。

图书在版编目(CIP)数据

秦皇岛地质实习指导书/邵先杰等编著 . —北京:
石油工业出版社,2017. 12
石油高等院校特色规划教材
ISBN 978 - 7 - 5183 - 2263 - 3

Ⅰ. ①秦… Ⅱ. ①邵… Ⅲ. ①区域地质调查 - 教育实习 - 秦皇岛 - 高等学校 - 教材 Ⅳ. ①P562. 223 - 45

中国版本图书馆 CIP 数据核字(2017)第 282467 号

出版发行:石油工业出版社
　　　　　(北京安定门外安华里 2 区 1 号　　100011)
　　　　　网　　址:http://www. petropub. com
　　　　　编辑部:(010)64251362　图书营销中心:(010)64523633
经　销:全国新华书店
排　版:北京乘设伟业科技有限公司
印　刷:北京中石油彩色印刷有限责任公司

2017 年 12 月第 1 版　2017 年 12 月第 1 次印刷
787 毫米×1092 毫米　开本:1/16　印张:10.25　插页:1
字数:263 千字

定价:28. 00 元
(如出现印装质量问题,我社图书营销中心负责调换)

《秦皇岛地质实习指导书》

编著人员名单

主　　编：邵先杰　　　燕山大学

编著人员：（以姓氏拼音排序）

　　　　　褚庆忠　　　燕山大学

　　　　　崔连训　　　中石化河南油田分公司

　　　　　霍春亮　　　中海油天津分公司

　　　　　李长宏　　　中石化河南油田分公司

　　　　　马平华　　　燕山大学

　　　　　邵先杰　　　燕山大学

前　言

秦皇岛地区处于华北地台的边缘,东邻太平洋板块,紧靠郯庐大断裂,构造运动活跃,有区域构造运动形成的造山带和海陆升降形成的区域不整合面,有局部构造活动形成的"袖珍"褶皱、断层和岩溶地貌;既有水平运动,又有升降运动;有古构造运动形成的背景格局和新构造运动形成的叠加现象,也有现代构造活动的一些现象和特征;保存有从原始低等生物到更新世哺乳动物等不同发展阶段的生物化石。秦皇岛柳江盆地在不足 190 km² 的范围内,保存了从新太古代至新生代 30 亿年以来各个地质历史时期形成的 24 个地层组单位。该区发育有新太古代和中生代两个时期形成的侵入岩以及中生代两次火山活动形成的喷出岩,有大规模的区域变质作用形成的片麻岩,有接触变质作用形成的夕卡岩、大理岩、板岩以及构造运动形成的动力变质岩。沉积岩的岩石类型有二十余种,火成岩有近二十种,变质岩有十多种。区内有 8 个地层不整合,反映了海陆变迁和地壳的演化过程。

柳江盆地三大岩类发育齐全,构造现象丰富,记录了从太古代至新生代华北地台乃至全球在地壳运动、岩浆活动、沉积环境、气候演化以及生物进化和发展中的各种重要地质事件与地质现象。再加上周边地区的冲积沉积、河流沉积、三角洲沉积、滨浅海沉积以及其他海洋地质作用、第四纪风化剥蚀等现代地质作用和现象,就是一部完整的地学教科书。从 1923 年开始发现柳江盆地并作为教学实习基地,至今已历时九十多年,累计服务过的大专院校达 87 所,每年来此实习的本科生、研究生超万人,教师数百人次。另外,来此考察的地质、石油等研究院所、公司的工程技术人员也达数百人。几十年来,从这里走出了数十名地学院士以及难以计数的地学、地理学、石油工程等专业方向的教授、专家和工程技术人员。这里是中国最大的野外实习基地,被称作"地质学家的摇篮"。河北省人民政府于 1999 年 5 月批准建立"秦皇岛柳江盆地地质遗迹省级自然保护区",并于 2002 年 5 月申报国家级自然保护区,2005 年该申报被批准,秦皇岛柳江盆地地质遗迹国家级自然保护区成立(据秦皇岛柳江盆地地质博物馆)。

地质认识实习是本科生在《基础地质学》或《地球科学概论》等地质基础课程理论教学完成后的重要实践教学环节。其目的是通过野外地质现象的观察、描述、测量、分析、编图,增加对地质现象的感性认识和时空概念,加深对理论知识的理解,掌握测量、描述、分析地质现象的基本技能和方法,培养学生的思维能力。

为了满足本科教学的需要,并兼顾油田地质和石油工程技术人员野外露头考察的需要,我们组织教师、研究生和相关油田的专家进行了详细考察,在参考各学校实习指导书的基础上,增加了新的实习路线、新的观察点和内容。为了提高指导书的应用性,在对实习点地质现象详细描述的基础上,从理论上进行深入分析,并结合典型的油田实例进行解剖。

本书由邵先杰组织编写,全书共十七章,第一章、第二章、第三章、第四章由邵先杰、褚庆忠、马平华编写;第五章由邵先杰、霍春亮编写;第六章、第七章由邵先杰编写;第八章由邵先杰、褚庆忠编写;第九章、第十章、第十一章由邵先杰、霍春亮、李长宏、崔连训编写;第十二章由邵先杰、褚庆忠、马平华编写;第十三章由邵先杰、霍春亮、李长宏、崔连训编写;第十四章由马平华、褚庆忠、邵先杰编写;第十五章、第十六章由邵先杰、霍春亮编写;第十七章由褚庆忠、邵先杰编写。

本书的出版得到了石油工业出版社"石油教材出版基金"和河北省科技计划项目（15236007）的资助。野外考察期间，中海油渤海研究院、河南油田第二采油厂、江苏油田研究院组织专家一起进行了考察，并提出了许多宝贵意见和观点。参加野外考察的还有王连进和李光辉老师，研究生有乔雨朋、李士才、接敬涛、谢启红、时培兵、张珉、梁武斌、霍梦颖、陈小哲、董新秀、武泽、朱明、何俊、武宁和岳鹏飞等，他们都为本书的出版付出了心血。值此机会，对相关单位、领导和专家给予的支持和帮助表示衷心感谢！

由于受地质露头出露范围的限制，且涉猎专业知识面颇广，本书对现象的描述和分析不一定十分准确，再加上笔者能力和水平所限，肯定存在很多不足甚至错误，敬请广大专家和读者批评指正。

邵先杰

2017 年 9 月

目　录

第一章 秦皇岛地区自然地理与经济概况

第一节 自然地理及交通

秦皇岛市位于河北省的东北部,东与辽宁接壤,西与唐山市毗邻,向北与承德市由燕山山脉相隔;辖4区3县,包括海港区、北戴河区、山海关区、抚宁区以及昌黎县、卢龙县和青龙满族自治县,辖区总面积7812.4km²;西距首都北京市265km,西南距天津市218km,东北距沈阳市387km。秦皇岛北依燕山,南临渤海,自北向南依次为山地—低山丘陵—小型山间盆地—沿海冲积平原—滨海沙滩。

秦皇岛全市常住人口307.32万人,有汉族、满族、回族、朝鲜族、蒙古族、壮族等42个民族,少数民族人口主要集中在青龙满族自治县,抚宁区西河南村是河北省唯一的朝鲜族聚居村。

秦皇岛属于暖温带半湿润大陆性季风气候,春夏受东南海洋季风影响,冬季除受东北寒流影响外还受海洋暖流调节。其气候总体趋势是冬季较长偏暖,夏季凉爽,秋季较短,春季干旱多风,四季分明。与同纬度内陆地区相比,秦皇岛具有夏季凉爽适宜、冬季风小天暖的特点。其年平均气温10.1℃,年平均降水量744.7mm,降水量的76%集中在6~8月。

秦皇岛港地处渤海之滨,扼东北与华北之咽喉,是我国北方著名的天然不冻港。这里海岸曲折、港阔水深,风平浪静,泥沙淤积很少,万吨货轮可自由出入。秦皇岛港是世界第一大能源输出港,是我国"北煤南运"大通道的主枢纽港,担负着我国南方"八省一市"的煤炭供应,所运煤炭占全国沿海港口下水煤炭的50%。

秦皇岛市交通便捷,通讯发达,是全国综合交通枢纽城市。秦沈客运专线、京哈铁路、津山铁路、大秦铁路、津秦客运专线五条铁路干线在秦皇岛汇聚。津秦客运专线的列车从天津到秦皇岛仅需1个小时,到北京只要两个多小时。京哈高速公路、津秦沿海高速公路、承秦高速公路在此交汇。102国道、205国道贯穿全境,驾车从北京、天津、沈阳、唐山、承德到秦皇岛都可在三小时以内实现。区内有山海关、北戴河两个机场,山海关机场为军民合用机场,位于山海关区;秦皇岛北戴河机场为旅游支线机场,位于昌黎县晒甲坨村南。民航开通有至上海、广州、哈尔滨、杭州、大连、黑河等国内数十条航线。

秦皇岛的地质实习和考察分两大部分,一部分位于滨海地带,主要观察现代沉积作用、海洋地质作用和海岸地貌等地质现象;另一部分位于柳江盆地,主要观察沉积岩、火成岩、变质岩、地层层序、地质构造、岩浆侵入作用、火山地质作用、岩溶作用以及河流地质作用等地质现象。

柳江盆地常被称为"柳江盆地国家地质公园""柳江盆地地质遗迹国家级自然保护区",位于河北省秦皇岛市区北部,所处范围为东经119°30′~119°40′,北纬40°02′~40°14′,面积接近190km²,距秦皇岛市中心15km左右。柳江盆地是燕山山脉东段一个南北向延伸的丘陵盆地,总体趋势是北高南低,南北长约20km,东西宽约10km。盆地东、西、北三面为中低山,南缘是丘陵逐渐过渡为滨海平原,呈向南开口的"簸箕"状(附图1),中部为低凸起的火山岩。最高峰位于盆地北部,为海拔 493m 的老君顶。区内水系较为发育,由大石河和汤河两大河流,由北向南流经本区,并各自注入渤海。两河分水岭位于秋子峪一带,地表与地下分水岭一致。大石河是流经地质公园最大的河流,由许多支流汇合而成,构成树枝状水系,展布于柳江盆地中东部。1974 年在盆地东南缘大陈庄建成石河水库,它是秦皇岛市主要的淡水水源地之一。汤河流域位于盆地西部,区内河长超过 20km,于西南部的鸡冠山西侧汤河河谷流出地质公园。

盆地内分布有对追溯地质历史具有重大科学研究价值的典型地层剖面、生物化石组合带剖面、岩性岩相建造剖面以及典型的地质构造剖面和构造形迹。柳江盆地面积小而内容丰富,为国内罕见。区内有 8 个连续地层单元,三大岩类分布广泛,均为自然露头。其地层完整、界限清楚、岩石类型齐全、化石丰富,且各类沉积构造发育。构造类型多种多样,不同规模的褶皱、不同级别的断裂以及揉皱、牵引、裂隙等宏观、微观构造发育,形迹清晰,为研究区域地壳运动发展史及其力学机制提供了一幅幅典型的构造图版,对研究区域构造演化具有重要的意义。该地区有金属、非金属矿脉、矿点多处,为研究成矿机理提供了典型实例。该地区有岩溶作用形成的象鼻山、溶洞、天井、石芽、溶沟等溶蚀现象;有水流作用形成的河谷、河流阶地等地质现象,这些都是研究第四纪地质活动的教科书,因此该地区被公认为"天然地质博物馆"。

柳江盆地内及附近区国道、省道、县道、乡道贯穿其中,四级公路已构建成网,交通四通八达,为地质实习与考察提供了便利条件。

第二节　矿产资源

秦皇岛市已发现各类矿产资源 56 种,其中黑色金属矿产 3 种,有色金属矿产 7 种,贵重金属及稀有金属 8 种,稀土矿产 2 种,放射性矿产 1 种,燃料矿产 5 种,化工原料非金属矿产 4 种,冶金辅助原料非金属矿产 4 种,建筑材料及其他非金属矿产 20 种,液体矿产 2 种。各种矿产地 548 处。56 种矿产中,上储量表的 22 种,产地 58 处,其中大型矿床 7 处、中型 11 处、小型 40 处。具有工业开发规模并大规模投入开发的主要矿产资源有煤、铁、金、水泥灰岩和花岗岩等。

该区的资源分布具有明显的分带性,煤、石灰岩、耐火黏土等沉积型非金属矿产,主要集中分布在柳江盆地。金、铁、铜、铅、锌等金属矿产广泛分布在北部山区。建筑用砂石、地下水、地热、矿泉水等资源多分布在南部平原区。这便形成了 3 个矿产资源区带。

煤主要为无烟煤,少部分为贫煤,累计探明储量 $11424.6 \times 10^4 t$,现保有基础储量 $6877.4 \times 10^4 t$,探明储量的井田已经全部建矿开发,年开采量 $13.26 \times 10^4 t$。

铁矿产地共 12 处,基础储量 $35711 \times 10^4 t$,可利用储量 $23441 \times 10^4 t$,现已开发利用的有湾杖气子铁矿、小秋子沟铁矿、庙沟铁矿、朱庄子铁矿、杜团店铁矿等。

金矿主要分布在青龙满族自治县境内,目前发现的全部为小型矿床,已提交地质报告的有 8 处,基础储量 4316kg,全市年开采黄金金属量近 1t。青龙满族自治县为中国"万两黄金"县之一。

水泥灰岩主要分布于抚宁县柳江盆地和卢龙县武山一带,出露面积有限,基础储量 $22611 \times 10^4 t$,可利用储量 $18107 \times 10^4 t$。因保护地质遗迹和地貌景观等原因,所以可开发利用的资源储量有很大程度的减少。

建筑装饰用花岗岩主要分布在青龙满族自治县肖营子、娄子山一带,在面积约 337km² 的地区内，探明基础储量 $1413 \times 10^4 m^3$，预计远景储量达 $12 \times 10^8 m^3$，资源十分丰富。该区花岗岩具有粒度细、云母少、矿体完整、成矿率高、耐酸碱、抗压强度高、颜色多样、色泽美观等特点，经加工后的石材制品品质优良，市场前景广阔。

秦皇岛市平均淡水资源总量为 $16.46 \times 10^8 m^3$，其中地下水占 46%。该市 3 个主要水库桃林口水库、洋河水库和石河水库库容为 $12.82 \times 10^8 m^3$，占全市总库容的 88%。重点水源地有柳江水源地和枣园水源地，其中柳江水源地面积 $24 km^2$，补给资源量为 $9453.5 \times 10^4 m^3/a$，可开采量 $1825 \times 10^4 m^3/a$，多年平均开采量 $868.3 \times 10^4 m^3/a$。枣园水源地面积 $23 km^2$，地下水资源量 $921.34 \times 10^4 m^3$，可开采量为 $808.4 \times 10^4 m^3/a$。

在该区发现 8 处地热资源，多以中低温地热资源为主。规模比较大的有青龙满族自治县汤杖子地热田，水温 $24 \sim 39.4℃$，涌水量 $10.6 \sim 14.4 m^3/h$，矿化度 $1000 mg/L$，pH 值 8.4，含可溶 SiO_2 $50 mg/L$、F $3.2 mg/L$、Sr $1 \sim 3 mg/L$，总硬度 $10.2 mg/L$，属硫酸盐钠钙型水。抚宁县温泉堡地热田涌水量为 $3000 \sim 5000 m^3/h$，水温 $25 \sim 32.5℃$，pH 值 7.85，总硬度 $3.55 mg/L$，总矿化度 $200.58 mg/m^3$，含可溶 SiO_2 $30 mg/L$，F $1.8 mg/L$，属重碳酸盐钠钙型水。卢龙县崔庄地热田水温 $36.3℃$，矿化度 $200 mg/L$，属硫酸盐钠钙型水。抚宁大泥河地热田，水温 $26 \sim 48℃$，矿化度 $10300 mg/L$，属氯化物钠钙型水。昌黎县有桃园、城关、李埝坨、晒甲坨 4 处地热田，面积 $1.72 km^2$，远景面积 $2.54 km^2$。孔内最高温度 $64 \sim 51.7℃$，流量 $1.44 \sim 20.34 m^3/h$，总矿化度 $1889.30 \sim 2300.24 mg/L$，总硬度 $8.39 \sim 9.12 mg/L$，属氯化物钠钙型水，水中含多种微量元素，尤以 Li、Sr、Ba、Se、Zr、Cs 等含量较高。

全市开发利用的矿种有 25 种，矿山企业 770 个，从业人员 21080 人，年产矿石 $1692.4 \times 10^4 t$，矿业总产值 3.545×10^8 元。其矿产对应年产值分别为：煤 9897.31×10^4 元、铁 10501.93×10^4 元、金 3351.82×10^4 元、水泥灰岩 2895.7×10^4 元、非金属建材 3981×10^4 元。以上五类矿产年产值总和占全市矿业总产值的 86.4%，成为该市五大支柱矿产（以上资料主要来源于《秦皇岛市矿产资源总体规划》，2011）。

第三节　经济概况

秦皇岛地理位置优越，地处东北与华北两大经济区的结合部，位于环渤海经济圈中间地带，素有"京津后花园"之美誉，在接受京津辐射方面具有得天独厚的优势。近年来，在京津冀协同发展的背景下，秦皇岛市经济发展迅速，是河北省经济强市，为中国首批 14 个沿海开放城市之一，已跻身全国投资硬环境 40 优城市，拥有国家级开发区多个，包括秦皇岛经济技术开发区、出口加工区和国家级大学园区——燕山大学科技园。

秦皇岛是一座新兴的工业城市，经过改革开放几十年的发展，已形成了基础雄厚、软硬件较为完善的工业体系，形成了五大支柱产业：以玻璃、水泥、新型建材为主的建材工业；以钢材、铝材为主的金属压延工业；以复合肥为主的化学工业；以汽车配件、铁路道岔钢梁钢结构、电子产品为主的机电工业；以果酒、啤酒、粮食加工为主的食品饮料工业。其主要工业产品有 1000多种。耀华玻璃集团公司、中铁山桥集团有限公司、山海关船厂、渤海铝业有限公司、戴卡轮毂有限公司、中阿化肥有限公司、正大有限公司、金海粮油食品有限公司、鹏泰面粉有限公司、海燕安全玻璃有限公司、浅野水泥有限公司等一批骨干企业的生产规模、技术水平在全国同行业中处于领先地位。

农业方面,全市农业人口 190 多万,耕地面积 293 万亩(1 亩 ≈ 667m²),以棕壤褐土为主。粮食作物主要有玉米、水稻、小麦、甘薯、花生等。林果资源有苹果、梨、葡萄、山楂、水蜜桃、板栗、核桃等。境内海岸线长 126.4km,6 万亩沿海滩涂和 20 万亩浅海为发展水产养殖提供了得天独厚的条件。水产品生产分为海水捕捞、海水养殖和淡水养殖三大类。秦皇岛市充分利用国内、国际两个市场,以项目建设为载体,实施"市场、龙头、能人、科技"带动,推进农村经济结构调整,加快农业产业化步伐,形成了三大特色成果:一是特色主导产业不断发展壮大,建成年产值 5 亿元以上的农业特色产业 10 个,即肉鸡、酿酒葡萄、粮油加工、玉米淀粉、海洋水产、甘薯、生猪、蔬菜、牛羊、果品,其中前 8 个产业年产值超 10 亿元,前 6 个产业的规模在河北省名列前茅;二是龙头企业规模和实力不断增强,建成年销售收入 1000 万元以上的龙头企业 35 家;三是农产品加工强市的目标正在形成,全市农产品加工业产值已占全市工业总产值的三分之一强,粮油加工转化能力达 335 × 10⁴t。

据 2013 年资料,全市实现生产总值 1219.75 亿元,比上年增长 7.0%。其中,第一产业增加值 171.46 亿元,增长 4.4%;第二产业增加值 547.57 亿元,增长 6.5%;第三产业增加值 549.72 亿元,增长 7.9%。在经济下行压力较大的情况下,全市累计实现全部财政收入 197.47 亿元,比上年增长 1.3%。财政支出小幅增长,全市财政支出 293.66 亿元,增长 4.4%。其中,公共财政预算支出 199.56 亿元,增长 1.0%。到当年末,全市金融机构本外币存款余额达 2122.60 亿元,比年初增长 10.2%;金融机构本外币贷款余额达 1365.59 亿元,比年初增长 9.4%。

思 考 题

(1)试分析矿产资源分布与区域地质背景的关系。

(2)如何协调经济发展与资源开发、环境保护的关系?

(3)请总结地质公园建设的内涵。

(4)试分析地质资源在秦皇岛经济发展中应该如何发挥作用。

(5)秦皇岛的人文和自然资源有哪些特色?试分析秦皇岛市发展旅游经济的潜力。

第二章　柳江盆地区域地质概况

第一节　柳江盆地地质简况及地层层序

一、地质简况

柳江盆地区域构造上属于华北地台燕山褶皱造山带的东段、山海关隆起东南缘。柳江盆地总体上为一向斜构造(附图2,附图3),轴向近南北向,东翼地层倾角较缓,为10°~30°;西翼地层较陡,一般倾角大于50°,个别地段大于70°,甚至直立,局部还存在倒转现象。

柳江盆地各地质时代、各种沉积环境的地层出露齐全、层次完整,地层单位界线清楚,化石丰富,是中国华北地区地质演化的缩影。三大岩类在此出露齐全,岩石种类繁多,内外动力地质作用形成的地貌景观千姿百态。区内分布着许多大大小小的溶洞,洞穴堆积层中分布有大量的哺乳动物化石。

柳江盆地的地层属于华北型地层,新太古代末期(2486~2552Ma)发生了大规模岩浆侵入,形成了大面积的花岗岩,这也是区内最老的岩层,大部分区段已发生区域变质作用,转化为了花岗片麻岩,即新太古界花岗片麻岩。本区缺失古元古界、中元古界,新元古界滨浅海相砂岩直接角度不整合覆盖于新太古界花岗片麻岩之上。由于蓟县运动的影响,沉积中断,而后沉积了以碳酸盐岩为主的海相寒武系和奥陶系,与新元古界景儿峪组呈平行不整合接触。受加里东运动的影响,缺失上奥陶统至下石炭统。中石炭世至二叠纪由海陆交互沉积过渡为陆相沉积。中生界只在向斜核部有出露。缺失古近系和新近系,第四纪主要为沿现代河谷、滨海和低洼地松散的堆积物❶。

二、地层层序

由新及老地层层序如下(附图4)(据周琦、中国地质大学(武汉)等修改):

(一)新生界(Cz)

本区缺失古近系和新近系,第四系(Q)为松散堆积物,主要沿河谷、滨海及低洼的盆地分布。成因类型复杂,有冲积物、洪积物、坡积物、洞穴堆积、河流沉积等。在洞穴堆积物中发现大量哺乳动物化石,有鬣狗(*Crocuta sp.*)、虎(*Panthera tigris*)、水獭(*Lutra sp.*)、马(*Equus sp.*)、东北狍(*Capreolus manchuricus*)、狍(*Capreolus sp.*)、更新獐(*Hydropotes inermis*)、麂子(*Muntiacus sp.*)、东北斑鹿(*Cerous manchuricus*)、黑氏上黑鹿(*Cerous hilsheimeri*)、鹿(*Cerous sp.*)、黑鹿[*Cerous*(*Rusa*)*sp.*]、羚羊(*Gazella sp.*)等[1]。

---

❶ 中国地质大学(北京).《北戴河地质认识实习指导书》讲义.北京:中国地质大学(北京),2001.

(二)中生界(Mz)

本区中生界发育有上三叠统和侏罗系,主要分布在柳江向斜的核部(附图1),与古生界呈角度不整合接触,其内部也存在三个角度不整合面,说明这一时期地壳活动比较强烈。

1. 侏罗系(J)

1)上侏罗统(J_3)

张家口组(J_3zh):主要分布在柳江向斜的北端部,厚350m左右;岩性为陆相喷发的酸性、中性熔岩和火山碎屑岩,包括流纹岩、粗面岩、粗安岩、火山凝灰岩、火山角砾岩、火山集块岩以及火山沉积岩;不同岩石中发育不同类型的构造,有柱状节理构造、火山泥球构造、流纹构造等。有些专家将该组地层称为孙家梁组❶(J_3s)。与中侏罗统呈角度不整合接触。

2)中侏罗统(J_2)

髫髻山组(J_2t):分布于柳江向斜的核部,上庄坨西傍水崖最具代表性,近南北向延伸,厚1000m以上,主要由陆相喷发的中性熔岩和火山碎屑岩组成;岩石类型有安山岩、辉石安山岩、角闪安山岩、斜长安山岩、安山质火山集块岩、火山角砾岩和凝灰质砂岩、凝灰质砾岩等。有些专家将该组地层称为兰旗组(J_2l)❶。与下伏地层角度不整合接触。

3)下侏罗统(J_1)

下花园组(J_1x):沿向斜核部的四周分布,厚493m;为砾岩、含砾粗砂岩、砂岩,局部夹粉砂岩、碳质页岩和煤线;含植物、昆虫、双壳和鱼类化石;角度不整合于二叠系石千峰组和三叠系黑山窑组之上;属河流、冲积扇和沼泽沉积。有些专家将该组地层称为北票组(J_1b)❶。

2. 三叠系(T)

由于受海西运动的影响,在三叠纪早期和中期,本区处于抬升剥蚀状态,缺少下三叠统(T_1)和中三叠统(T_2),只发育有上三叠统(T_3)黑山窑组(T_3h)。

黑山窑组(T_3h):主要分布在柳江向斜核部的南端,黑山窑后村西,面积有限(附图2),厚度162m;为黄褐色砾岩、含砾砂岩、粉砂岩、黑色碳质页岩,夹煤线;含大量植物化石;属湖泊、沼泽、河流以及湖盆三角洲沉积;与下伏的上古生界呈角度不整合接触。

(三)上古生界(Pz_2)

晚古生代早期延续了早古生代末期的地貌特征,本区处于剥蚀状态,缺失泥盆系和下石炭统,只发育有石炭系中统、上统以及二叠系。

1. 二叠系(P)

该区二叠系分布于柳江向斜的两翼部位(附图2),东翼出露地层比较全,为一套陆相碎屑岩含煤地层,整合于石炭系之上。

1)上二叠统(P_3)

石千峰组(P_3sh):黑山窑后村村西小山和瓦家山到欢喜岭一线有出露,厚150m。岩性为紫红色砾岩、砂岩、粉砂岩和泥岩;与上石盒子组整合接触,二者界限处岩石的颜色差别明显,界限以下为灰白色砂岩,界限以上为紫红色含砾杂砂岩;为干旱环境下的河、湖相沉积。

上石盒子组(P_3s):主要出露于瓦家山至欢喜岭一线,厚72m;岩性为灰白色含砾粗粒长石砂岩,夹少量紫红色粉砂岩、泥岩,与下伏下石盒子组整合接触;化石少见;为河、湖相沉积。

---

❶ 周琦,李延平,方德庆,等.《秦皇岛地质认识实习教学指导书》讲义. 大庆:大庆石油学院,2000.

2）下二叠统（P_1）

下石盒子组（P_1x）：主要出露在石门寨西、黑窑山等地，柳江庄村北小山出露的地层比较完整，厚115m；岩性为土黄色砾岩、含砾砂岩、中粗粒杂砂岩、细砂岩、粉砂岩、泥质粉砂岩；由多个向上变细的正旋回构成，发育大型板状交错层理；底部为砾岩、含砾粗砂岩，整合于山西组之上；含丰富的植物化石，主要有山西带羊齿、多脉带羊齿❶；主要为河流沉积。

山西组（P_1s）：在黑山窑、石门寨西、小王山一带有出露，厚62m；岩性为灰色、黄褐色中细粒长石质岩屑杂砂岩、粉砂岩、碳质页岩及泥岩；地层由两个旋回构成，第一旋回含煤，第二旋回的顶部含铝土矿；底部以灰色、灰白色长石质岩屑杂砂岩与太原组整合接触；含大量植物化石，有纤细轮叶、宽带羊齿等❶；为河流、沼泽环境沉积。

2. 石炭系（C）

早石炭世至中石炭世早期，华北地区延续了早古生代末期的地貌特征，一直处于抬升状态，遭受风化剥蚀，该地区缺失下石炭统。从中石炭世到晚石炭世地壳开始缓慢沉降，发生大规模的海侵，接受了海陆交互相的含煤地层沉积。

1）上石炭统（C_3）

太原组（C_3t）：分布范围与本溪组相同，厚度大约为51m；下部为厚层中细粒砂岩，上部为灰黑色碳质页岩、粉砂岩，夹灰色、黄绿色砂岩，顶部夹可采煤层；底部以灰黄色、青灰色中、细粒砂岩与本溪组整合接触；中细粒岩屑长石石英砂岩球状风化是本组主要的特点；该组化石丰富，有蜓类、牙形石、腕足、腹足、瓣鳃类、珊瑚和棘皮等动物化石❶；植物化石有真蕨类、种子蕨类、鳞木类、芦木、卵脉羊齿等；属海陆过渡沉积。

2）中石炭统（C_2）

本溪组（C_2b）：分布范围广泛，以石门寨西和沙锅店剖面最具代表性，厚82m左右。下部为褐黄色铁质石英砂岩、含铁质结核的铝质黏土岩、碳质页岩和粉砂岩，夹煤线；上部为中—细粒砂岩、粉砂岩与页岩互层，顶部夹3~5层泥灰岩或石灰岩透镜体；该地层含大量动、植物化石，有蜓类、腕足类、腹足类、瓣鳃类和珊瑚等动物化石以及大脉羊齿等植物化石❷；与下伏中奥陶统马家沟组呈平行不整合接触，不整合面上为褐黄色铝土质风化残积层。属于典型的海陆过渡沉积。有些专家认为该区的本溪组应归为上石炭统❷，主要依据是植物化石组合有晚石炭世的特征。

（四）下古生界（Pz_1）

由于受早古生代后期加里东运动的影响，本区在奥陶纪末就处于抬升状态，缺失上奥陶统和志留系，只发育有中奥陶统、下奥陶统和寒武系。

1. 奥陶系（O）

奥陶系与寒武系在沉积上具有继承性，分布特点相同，主要出露于柳江向斜的两翼（附图2）。

1）中奥陶统（O_2）

由于中奥陶世末期的加里东运动，发生区域上的抬升，中奥陶统上部地层剥蚀，只保留了马家沟组。

---

❶ 中国地质大学（北京）.《北戴河地质认识实习指导书》讲义. 北京:中国地质大学（北京），2001.
❷ 周琦，李延平，方德庆，等.《秦皇岛地质认识实习教学指导书》讲义. 大庆:大庆石油学院，2000.

马家沟组(O_2m):石门寨西和沙锅店等地区露头最具代表性,厚度大约为101m;岩性主要为灰白色白云质灰岩、灰色灰岩和竹叶状灰岩,夹少量白云岩、燧石结核灰岩和豹皮状白云质灰岩;化石主要为头足类、腹足类、腕足类和牙形石等[1];与下伏亮甲山组整合接触,分层标志是马家沟组底部为灰黄色含砾屑、燧石结核的白云质灰岩。属浅海环境沉积。

2)下奥陶统(O_1)

亮甲山组(O_1l):出露比较广泛,石门寨亮甲山一带最典型,厚128m;灰色、灰白色中厚层隐晶质灰岩、砾屑灰岩、竹叶状灰岩,部分层段含燧石结核或结核条带;化石主要有头足类、腹足类和牙形石[1];与下伏冶里组整合接触,底部中厚层豹皮灰岩为两者的分界标志;属比较稳定的浅海环境沉积。

冶里组(O_1y):出露于石门寨、沙锅店和亮甲山等地,厚125m左右;下部为深灰色厚层隐晶质灰岩夹少量砾屑灰岩及虫孔灰岩,上部为灰色砾屑灰岩、黄绿色页岩;含笔石、牙形石、头足类[1]和海绵骨针化石;与下伏凤山组整合接触。属浅海环境沉积。

2. 寒武系($\in$)

寒武系出露于柳江向斜的两翼部位(附图2),上、中、下寒武统均有发育,与下伏青白口系平行不整合接触。

1)上寒武统($\in_3$)

凤山组($\in_3f$):分布范围较广,以石门寨南部和秋子峪剖面最典型,厚92m;主要为灰色中厚层石灰岩夹薄层泥质条带灰岩、竹叶状灰岩及黄绿色页岩;三叶虫化石丰富,见笔石和牙形石[1];底部常以薄层泥质灰岩与下伏长山组整合接触;为动荡的浅海环境沉积。

长山组($\in_3c$):与崮山组分布一致,厚度较薄,20m左右;岩性以砾屑灰岩为主,其次为泥质条带灰岩、泥质灰岩及页岩;化石以三叶虫类为主[1];沉积环境与崮山组有继承性,为比较动荡的浅海沉积环境;与下伏崮山组整合接触。

崮山组($\in_3g$):在石门寨东南部和东部落西有出露,厚102m;岩性为泥质条带灰岩、砾屑灰岩、泥灰岩、竹叶状灰岩、鲕粒灰岩及页岩;底部常以土黄色竹叶状灰岩或泥质条带灰岩、粉砂岩、页岩与下伏张夏组整合接触;化石丰富,主要为三叶虫[1];为比较动荡的浅海环境沉积。

2)中寒武统($\in_2$)

张夏组($\in_2z$):在寒武系地层中张夏组分布最广,柳观峪、秋子峪一带的剖面具有代表性,厚度130m;以鲕粒灰岩、生物碎屑灰岩为主,下部一般为鲕粒灰岩夹黄绿色页岩,上部多为鲕粒灰岩夹藻灰岩、生物碎屑灰岩。三叶虫化石含量丰富。为典型的浅海相沉积。与下伏徐庄组整合接触。

徐庄组($\in_2x$):分布较广泛,以东部落村西和柳观峪的剖面最具代表性,厚101m;岩性以深紫色、灰色、黄绿色页岩为主,夹石灰岩、鲕粒灰岩、泥灰岩及粉砂岩,本组岩性中猪肝色页岩中富含云母片为典型特征;古生物化石以三叶虫最丰富[2];与下伏毛庄组整合接触;沉积环境上与毛庄组具有继承性,属潟湖、浅海和潮坪相交互沉积。

---

[1] 中国地质大学(北京).《北戴河地质认识实习指导书》讲义. 北京:中国地质大学(北京),2001.
[2] 周琦,李延平,方德庆,等.《秦皇岛地质认识实习教学指导》讲义. 大庆:大庆石油学,2000.

毛庄组（$\epsilon_2 m$）：毛庄组有零星出露，沙河寨西山和柳观峪剖面最具代表性，厚度 80m 左右；岩性以紫红色页岩为主，夹灰色灰岩、泥质灰岩、白云质灰岩及少量的泥质粉砂岩；化石含量丰富，以三叶虫中的褶颊虫最繁盛。沉积环境属潟湖和潮坪相交互；与下伏馒头组整合接触。有些专家将毛庄组划归为下寒武统。

3）下寒武统（ϵ_1）

馒头组（$\epsilon_1 m$）：沙河寨西山剖面最具代表性，厚 70m 左右；岩性主要为紫红色、砖红色泥岩、页岩、泥质白云岩，夹粉砂岩、白云质灰岩透镜体；页岩中含岩盐假晶❶，底部普遍发育砂砾岩层；生物化石主要以三叶虫为主，见藻类和少量核形石❷；为干旱环境下的潮间、潟湖环境沉积；与下伏府君山组平行不整合接触❶。

府君山组（$\epsilon_1 f$）：主要分布于盆地东部，在西翼上平山一带也有出露；东翼的东部落剖面最具代表性，厚 146m；这一时期沉积基准面快速下降，发生大规模的海侵，沉积了一套浅海碳酸盐岩；岩性稳定，主要为深灰色厚层状灰岩、豹皮状白云质灰岩，含有较多的三叶虫化石❷；底部普遍发育砂砾岩或角砾岩层❶；属于滨浅海环境沉积；与下伏新元古界景儿峪组平行不整合接触。

（五）新元古界（Pt_3）

本区缺少古元古界、中元古界，新元古界青白口系（$Pt_3 Qb$）是该区目前发现的最古老的沉积地层，距今 800～1000Ma❷，划分为长龙山组（$Pt_3 ch$）和景儿峪组（$Pt_3 j$）。

景儿峪组（$Pt_3 j$）：主要分布在盆地东部，以李庄北沟剖面最具代表性❶，厚 25～54m，与下伏长龙山组整合接触；下部为黄褐色含砾铁质海绿石石英砂岩，中上部为紫红色、灰绿色薄—中厚层泥岩，并逐渐过渡为杂色薄板状白云质灰岩；属滨浅海沉积。

长龙山组（$Pt_3 ch$）：长龙山组是柳江盆地最古老的沉积岩，不整合于新太古界花岗岩片麻岩之上，主要分布在柳江向斜南部的鸡冠山，东部落和张岩子等地也有出露❶，厚 25～91m；经过古元古代的抬升剥蚀，到新元古代，沉积基准面下降、发生大规模的海侵，形成了一套滨浅海碎屑岩沉积；岩性为一套砾岩、含砾砂岩、海绿石石英砂岩和少量页岩组合；底部为灰白色砾岩，向上过渡为粗—中粒石英砂岩、泥质砂岩、页岩，由多个旋回构成，地层中含有比较高的海绿石；地层呈厚层、中厚层状，发育槽状交错层理、楔状交错层理、板状交错层理、波状交错层理、大型波痕、水平层理和波纹层理；属典型的滨浅海沉积。

（六）新太古界（Ar_3）

新太古界为花岗片麻岩、正长花岗片麻岩、角闪花岗片麻岩和黑云母片麻岩以及花岗伟晶岩和石英伟晶岩等，是本区最古老的岩石，为该区古老的基底。花岗片麻岩岩体规模大，主要出露于沿山海关—秦皇岛—北戴河沿海一线。正长花岗片麻岩多呈小规模岩体分布于花岗片麻岩岩体中，在鸡冠山山脚处有分布。角闪花岗片麻岩和黑云母片麻岩也呈小规模岩体分布于花岗片麻岩岩体中，在老虎石和联峰山有分布。伟晶岩多呈岩脉状分布于花岗片麻岩及其他岩体中。因为该套岩体最早在绥中地区发现并定名，所以常称作"绥中花岗岩"。

---

❶ 周琦，李延平，方德庆，等.《秦皇岛地质认识实习教学指导书》讲义.大庆：大庆石油学院，2000.
❷ 中国地质大学（北京）.《北戴河地质认识实习指导书》讲义.北京：中国地质大学（北京），2001.

第二节 岩石类型

秦皇岛地区在比较小的范围出露了比较全的岩石类型,组成地壳的三大岩在该区域都有分布,沉积岩中的陆源碎屑岩、火山碎屑岩和碳酸盐岩都有分布;火成岩中的深成侵入岩、浅成侵入岩和喷出岩有分布;变质岩中有区域变质作用、接触变质作用和动力变质作用形成的变质岩等岩石类型。

一、沉积岩类

区内沉积岩有三种类型:陆源碎屑岩、碳酸盐岩、火山碎屑岩[2]。

(一)陆源碎屑岩

1. 碎屑岩组构描述

碎屑岩按照粒级大小划分为砾(>2.0mm)、粗砂(0.5~2.0mm)、中砂(0.25~0.5mm)、细砂(0.05~0.25mm)、粉砂(0.005~0.05mm)、泥(<0.005mm)。岩石命名根据石英、长石和岩屑三种矿物的含量,按照三端元方法命名(图2-1),根据杂基含量划分为纯砂岩和杂砂岩,纯砂岩的杂基含量 <15%,当杂基含量≥15%时定名为杂砂岩。矿物颗粒含量估算可参考图2-2。

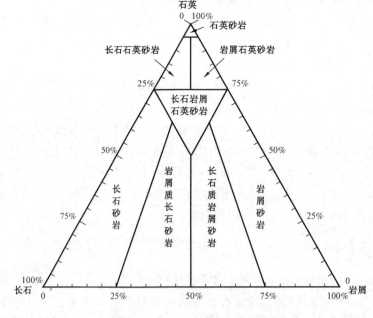

图2-1 岩石三角命名分类图 ❶

碎屑颗粒的磨圆度反映了搬运距离和水动力条件,一般情况下,搬运距离越远,磨圆度越高;同时,也与水动力有关,水动力越强,磨圆度越高,比如长期处于波浪波选的滨海沙滩,颗粒磨圆度就高。磨圆度通常可以通过肉眼观察划分为六个级别[3](图2-3):滚圆状、圆状、次圆

❶ 何镜宇,余素玉.《沉积岩石学》讲义.武汉:武汉地质学院,1985。

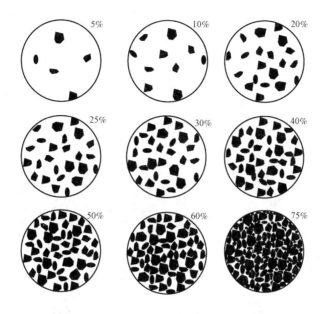

图 2 - 2　视域内组分百分含量视觉比较图

状、次棱角状、棱角状、尖棱角状。滚圆状颗粒基本呈球状或椭球状,整个表面是光滑的,没有明显平面和棱。圆状颗粒的轮廓已磨圆,棱已变成为宽缓、圆滑的曲线,但仍保留有原始的面和轮廓。次圆状颗粒已磨蚀,棱、角已减少,并呈钝圆状,原始面和原始颗粒的形状能分辨。次棱角状颗粒保留了原始颗粒的形态特征,棱、角和面分明,但已明显磨蚀,已无明显突出的棱和角。棱角状颗粒有一定的磨蚀,但棱、角和面分明、突出,然而棱、角已不尖锐。尖棱角状颗粒基本为原始状态,或略有磨蚀,但棱、角仍尖锐。

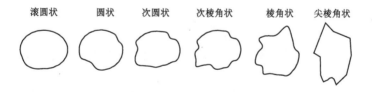

图 2 - 3　磨圆度分级示意图

　　颗粒分选描述的是碎屑颗粒不同大小群体的均一程度(图 2 - 4),肉眼观察可以划分出五个级别[1]:分选极好、分选好、分选中等、分选差、分选极差。分选极好的岩石一般磨圆度比较高,大小均匀,某一区间的颗粒群体含量不小于90%。分选好的岩石颗粒大小比较均匀,某一区间的颗粒群体含量在75%～90%之间。分选中等的岩石中某一区间的颗粒群体含量在55%～75%之间。分选差的岩石中颗粒大小差别大,最大直径与最小直径可达3倍,某一区间的颗粒群体的含量不小于35%～55%。分选极差的岩石一般磨圆度比较低,多呈棱角状、次棱角状,大小混杂,最大颗粒直径与最小颗粒直径最大可相差5倍以上,主要颗粒群体的含量小于35%。

❶ 徐成彦,赵不亿.《普通地质学》讲义. 武汉:武汉地质学院,1983.

2. 碎屑岩岩石类型

砾岩：主要分布在二叠纪和侏罗纪地层中，多为河流相沉积和陆相冲积沉积。出露于柳江庄村北小山上的二叠系下石盒子组下部，厚度比较大，为多旋回的砾岩。砾石直径一般为10～20mm，最大可达40mm，多呈次棱角状、棱角状，分选差，为河流底部沉积。石门寨西二叠系石千峰组中分布有河流相砾岩，厚度2m左右。黑山窑后村西侏罗系下统下花园组中下部分布有厚度比较大的河流相砾岩，顶部分布有冲积扇形成的巨砾岩，砾石直径最大可达20cm。

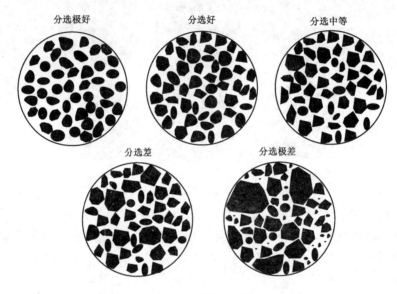

图2-4 视域内颗粒分选视觉比较图

含砾砂岩：主要分布在二叠系下石盒子组、上石盒子组、石千峰组和侏罗系下花园组；多属河流相沉积。

石英砂岩：石英含量大于95%，胶结物为硅质或铁质；分选好，磨圆程度高，颗粒多呈圆状，杂基含量少；根据粒度大小可划分为石英粉砂岩、石英中砂岩、石英粗砂岩；分布于新元古界长龙山组和石炭系本溪组地层中。多为滨海沉积成因。

长石石英砂岩：石英含量大于75%，长石含量小于25%；分选较好；分布范围较小，主要分布于石炭系本溪组和太原组以及侏罗系下花园组。

长石砂岩：石英含量小于75%，长石含量大于25%，杂基含量较高；分选中等～好，磨圆度为次棱角～次圆状；根据杂基含量可划分为长石砂岩和长石杂砂岩；主要分布于二叠系上石盒子组和石千峰组。

岩屑质长石砂岩：石英含量小于60%，长石和岩屑含量均大于30%，且长石含量大于岩屑含量；根据杂基含量可划分为岩屑质长石砂岩和岩屑质长石杂砂岩；分选差，磨圆度低；该岩石类型分布较广，石炭系太原组，二叠系上石盒子组、石千峰组均有分布。

长石质岩屑砂岩：石英含量小于60%，长石和岩屑含量均大于30%，且岩屑含量大于长石含量；根据杂基含量可划分为长石质岩屑砂岩和长石质岩屑杂砂岩；分选差，磨圆度低；二叠系山西组、下石盒子组，侏罗系髫髻山组和张家口组均有分布。

泥岩、页岩：泥岩主要分布于石炭系本溪组、二叠系山西组、石千峰组等；页岩主要分布于新元古界长龙山组，寒武系馒头组、长山组、凤山组，奥陶系的冶里组，石炭系本溪组和太原组。

碳质泥岩、煤层和煤线:碳质泥岩、煤层和煤线主要发育于石炭系本溪组、太原组、二叠系山西组、三叠系黑山窑组、侏罗系下花园组和髫髻山组。

(二)碳酸盐岩

1. 碳酸盐岩分类

按照化学成分分类,碳酸盐岩可以划分为两大类六个亚类[2](表2-1)。两大类为石灰岩和白云岩,六个亚类包括纯石灰岩、含白云岩的石灰岩、白云质石灰岩、灰质白云岩、含灰质的白云岩、纯白云岩。柳江盆地两大类均有分布。

表2-1　碳酸盐岩按照成分分类标准[2]

岩石类型	亚类	方解石含量,%	白云石含量,%	CaO/MgO
石灰岩	纯石灰岩	100~95	0~5	>50.1
	含白云岩的石灰岩	95~75	5~25	50.1~9.1
	白云质石灰岩	75~50	25~50	9.1~4.0
白云岩	灰质白云岩	50~25	50~75	4.0~2.2
	含灰质的白云岩	25~5	75~95	2.2~1.5
	纯白云岩	5~0	95~100	1.5~1.4

碳酸盐岩中常常含有一定量的黏土矿物,分类时也要考虑。野外工作阶段,没有实验室内分析的数据,根据肉眼鉴定,通常可以把碳酸盐岩划分为如下六类[2]:

石灰岩:方解石含量>75%,多为深灰色、暗灰色,滴盐酸起泡剧烈,可听到响声。

白云质灰岩:方解石含量50%~75%,白云石含量25%~50%,多为灰色,滴盐酸起泡较强。

泥质灰岩:方解石含量50%~75%,泥质含量25%~50%,灰色、土灰色、浅黄色,泥质多呈条带状、斑块状结构,滴盐酸起泡弱,起泡部位会留下比较多的残渣。

灰质白云岩:白云石含量50%~75%,方解石含量25%~50%,多为灰白色,滴盐酸起泡,但相对较弱。

泥质白云岩:白云石含量50%~75%,泥质含量25%~50%,浅灰色、灰白色、土黄色,条带状、斑块状,滴盐酸起泡微弱。

白云岩:白云石含量>75%,多为灰白色、淡灰黄色、淡黄白色,滴盐酸起泡十分微弱。

纯石灰岩主要分布在寒武系张夏组、崮山组以及奥陶系冶里组。白云质灰岩分布普遍,寒武系、奥陶系碳酸盐岩地层中均有分布。泥质灰岩多以条带状分布在寒武系、奥陶系碳酸盐岩地层中。白云岩主要分布在奥陶系马家沟组。

碳酸盐岩按照结构和组分(颗粒、胶结物、晶粒、生物碎屑颗粒)分类,也可划分为砾屑灰岩(角砾状灰岩)、竹叶状灰岩、鲕粒灰岩、生物碎屑灰岩、藻灰岩、豹皮灰岩、泥晶灰岩等。

2. 柳江盆地碳酸盐岩类型

砾屑灰岩(角砾状灰岩):也常称作内碎屑灰岩,主要分布在寒武系崮山组和奥陶系冶里组、亮甲山组、马家沟组。砾屑颗粒呈薄饼状、长条状、角砾状等。有些颗粒两端有一定的磨圆度、有些呈棱角状。有些颗粒杂乱排列、有些平行叠置、有些呈放射状或菊花状排列。角砾呈长条状,两端磨圆,呈竹叶状排列时常称为竹叶状灰岩。内碎屑颗粒一般是在沉积盆地中沉积不久,半固结的碳酸盐岩层在风暴的扰动作用下,被水流卷起、搬运、破碎、磨蚀、再沉积而成。由于水流能量大小不同,悬浮搬运、磨蚀程度不同,内碎屑颗粒的大小、形状、磨圆度存在较大差别。

鲕粒灰岩:分布普遍,但主要集中在寒武系徐庄组、张夏组和崮山组。不同层位的鲕粒大小变化比较大,一般1~2mm,含量20%~70%。鲕粒灰岩一般形成于浪基面以上水动力条件比较强的滨海环境。

生物碎屑灰岩:碳酸盐岩中的碎屑颗粒以生物化石颗粒为主,主要分布于寒武系张夏组、崮山组、长山组、凤山组和奥陶系冶里组。

藻灰岩:主要是以绿藻、红藻或轮藻等骨骼钙藻为主要颗粒成分的粒屑灰岩❶。藻灰岩多为浅海陆棚区的沉积物,主要分布在寒武系张夏组和崮山组。

叠层石灰岩:是蓝绿藻等低等生物生命活动造成的、具有一定形态特征的生物沉积构造。其外形为柱状、丘状等;纹层清晰,纹层颜色深浅呈周期性变化,反映了季节性的变化,深色部位有机质含量高,是参与形成叠层石的生物活动旺盛期;主要分布在寒武系张夏组。

豹皮灰岩:由于碳酸盐岩中混入了泥质,风化后呈现不均匀的豹皮状花斑,有些人也将其称为豹斑状灰岩;主要分布于寒武系府君山组和奥陶系亮甲山组。

泥晶灰岩:由隐晶方解石组成,比较纯净,新鲜面呈青灰色,岩性均匀、致密,隐晶质结构,多呈厚层块状构造;多为静水或微弱波动环境形成;主要分布在寒武系凤山组和奥陶系冶里组。

含燧石结核或条带灰岩:石灰岩中分布大量黑色、深灰色燧石结核,有些呈条带状分布,有些呈孤立个体分布;主要分布在奥陶系亮甲山组和马家沟组。

泥灰岩:灰黄色、浅黄色,多呈条带状夹在泥晶灰岩中,呈水平纹理;寒武系和奥陶系都有分布。

白云质灰岩:灰白色,致密,结构均匀,多呈厚层状;滴酸起泡,但较弱;主要分布在奥陶系马家沟组。

(三)火山碎屑岩

火山碎屑岩是火山爆发的碎屑物经过搬运,在陆地上或水下沉积,后经成岩固结或熔结而成的岩石。火山碎屑岩的组分是火山碎屑,但有沉积作用特点❷,主要包括火山集块岩、火山角砾岩和火山凝灰岩。

火山集块岩:灰绿色、浅肉红色,由火山碎屑构成,如火山渣、火山弹、火山灰等堆积而成,碎块大小不一,颗粒直径一般大于64mm,分选极差,集块结构,火山集块占50%以上;多堆积于火山口附近;主要发育在侏罗系髫髻山组和张家口组;有安山质火山集块岩和粗面质火山集块岩。

火山角砾岩:灰绿色、褐色、浅肉红色,火山碎屑颗粒直径为2~64mm;火山角砾结构,斑杂构造,颗粒为火山碎屑,填隙物为晶屑和玻屑;发育在侏罗系髫髻山组和张家口组。

凝灰岩:灰绿色、褐色、灰白色、浅肉红色,颗粒直径小于2mm;凝灰质结构,块状构造,有些呈似层状构造,多孔疏松,有粗糙感,风化后呈松散状;主要发育在侏罗系张家口组。

❶ 周琦,李延平,方德庆,等.《秦皇岛地质认识实习教学指导书》讲义. 大庆:大庆石油学院,2000.

❷ 何镜宇,余素玉.《沉积岩石学》讲义. 武汉:武汉地质学院教材科,1985.

二、岩浆岩

岩浆岩的种类繁多,分类方法也很多,为了便于野外观察、描述、鉴定,按照岩石的产状、矿物成分、结构、构造和 SiO_2 的含量进行分类(表 2-2)。该地区岩浆岩产状上划分为侵入岩和喷出岩,根据 SiO_2 的含量划分为超基性、基性、中性、酸性四大类。

表 2-2　岩浆岩分类

岩石大类		超基性岩	基性岩	中性岩			酸性岩
				过碱性	钙碱性	碱性	
SiO_2 含量		<45%	45%~52%	52%~65%			>65%
一般颜色特征		黑色	灰黑色、灰色	暗红色、灰红色	灰绿色、灰色	肉红色、灰红色	灰白、肉红色
矿物成分	主要矿物	橄榄石、辉石	基性斜长石、辉石	正长石	中性斜长石、角闪石	正长石	正长石、斜长石、石英
	次要矿物	角闪石	角闪石、橄榄石	霞石	辉石、黑云母	角闪石、黑云母	黑云母、角闪石
石英含量		不含	不含或少量	不含	<20%		>20%
喷出岩		苦橄岩	玄武岩	响岩	安山岩	粗面岩	流纹岩、英安岩
侵入岩	浅成岩	苦橄玢岩、金伯利岩	辉绿岩	霞石正长斑岩	闪长玢岩	正长斑岩	花岗斑岩
	深成岩	橄榄岩、辉石岩	辉长岩	霞石正长岩	闪长岩	正长岩	花岗岩、花岗闪长岩

秦皇岛地区处于燕山造山带东段,东邻太平洋板块俯冲带,活跃的内力地质作用使得其岩浆活动剧烈,岩浆岩分布广泛,岩浆活动期次多,岩浆岩类型多。根据产状划分,有岩基、岩墙、岩床、岩盘、岩脉、岩株、复合火山等产状类型。新太古代花岗岩岩体规模大(大部分已变质为花岗片麻岩),呈岩基状。晚侏罗世花岗岩呈岩基和岩株状。早白垩世侵入岩呈小型岩株、岩盘、岩墙状产出。中侏罗世、晚侏罗世的喷出岩多以复合火山状产出。

同一种岩浆岩,由于不同时期岩浆活动的成因差异,岩石性质上也存在比较大的差别,因此依据上表(表 2-2)的分类方案,结合秦皇岛地区的岩浆活动期次,进行分类描述。

(一)新太古代侵入岩

新太古代侵入岩主要有花岗岩、黑云母花岗岩、正长花岗岩和二长花岗岩等深成侵入岩以及伟晶岩和细晶岩岩脉。新太古代侵入岩经历了二十多亿年的地质作用,除了少数伟晶岩岩脉外大部分已发生变质作用,因此在该处重点描述没有变质的岩脉,其他岩石类型放到变质岩部分描述。

花岗伟晶岩岩脉:主要以岩脉形式产出,是岩浆活动晚期,富流体残余岩浆形成的伟晶岩脉。主要由晶体颗粒粗大的斜长石、石英、正长石组成。斜长石和石英常紧密交生,构成文象结构。在鸽子窝、老虎石和联峰山等地都有分布。

石英伟晶岩岩脉:由粗大的石英晶体组成。主要出露于联峰山和鸽子窝鹰角亭花岗片麻岩中,由于石英伟晶岩岩脉抗风化能力强,常突出在岩石表面。

正长伟晶岩岩脉:由颗粒粗大、晶形完好的正长石组成。呈脉状侵入到正长花岗岩岩体中。在鸡冠山的山脚和山腰处有比较多的出露。

闪长岩岩脉:灰色,风化后呈灰绿色。主要矿物成分为角闪石、斜长石,等粒、细晶结构,块状构造,一般呈小规模的岩脉状产出,见于联峰山。

(二) 中生代侵入岩

1. 晚侏罗世侵入岩

晚侏罗世侵入岩主要以酸性和中酸性中深成侵入岩体为主[1]。

花岗岩:灰白色、肉红色,矿物成分主要为石英、斜长石、正长石、角闪石和黑云母;中粗粒结构,块状构造;分布于柳江盆地西部;以岩基和岩株状产出。

花岗闪长岩:灰白色、灰黑色,中粗粒结构,块状构造;多以岩脉和小岩株状产出于盆地北部边缘。

闪长玢岩:灰色、灰黑色、灰绿色,斑状结构,块状构造,斑晶为斜长石和角闪石;分布于本区北部潮水峪、老炼炉等地,侵入于寒武系和奥陶系地层中,石门寨西山西组地层中也有侵入。

2. 早白垩世侵入岩

早白垩世侵入岩主要以基性和中酸性浅成侵入岩岩脉为主[1]。

花岗斑岩:灰白色、浅肉红色,斑状结构,块状构造。斑晶为正长石和石英,基质为细晶—微晶质。分布于沙锅店和揣庄一带,呈岩墙状产出,为浅成侵入岩。

石英正长斑状岩:浅肉红色,似斑状结构,块状构造。主要由正长石和石英组成,含少量角闪石和黑云母。主要分布于柳江向斜东南燕塞湖一带,多呈岩株状侵入到不同时代的地层中。

辉绿岩:暗绿色、灰黑色,细粒结构、似斑状结构,块状构造,主要由斜长石和辉石构成;分布于亮甲山和燕塞湖等地区,多呈岩盘状产出,为浅成侵入岩。

正长斑岩:暗红色,斑状结构,块状构造,斑晶为正长石;分布于燕塞湖一带,多呈岩墙状产出,为浅成侵入岩。

(三) 喷出岩

中、晚侏罗世秦皇岛地区曾经发生爆炸式火山喷发[1],在柳江盆地的大洼山、老君顶、上庄坨、义院口和板厂峪一带均有喷出岩分布。岩石类型以中性、酸性的安山岩、粗面岩、流纹岩类为主。

安山岩类:紫红色、灰绿色,斑状结构,块状构造,杏仁状构造。斑晶主要为斜长石、角闪石和辉石等,基质为隐晶质或玻璃质。根据斑晶矿物成分含量的多少,可划分为角闪安山岩、辉石安山岩和斜长安山岩等。主要分布在上庄坨和义院口地区。

---

❶ 中国地质大学(北京).《北戴河地质认识实习指导书》讲义.北京:中国地质大学(北京),2001.

粗面岩类:浅肉红色、紫红色,似斑状结构,块状构造、气孔构造、流纹构造。基质为隐晶质或玻璃质。根据矿物成分含量可划分为粗面岩和石英粗面岩,根据岩石的构造类型可以划分为流纹构造粗面岩和块状构造粗面岩。主要分布在板厂峪地区。

流纹岩:暗灰色、灰红色,斑状结构,流纹构造,气孔构造,斑晶为石英和正长石,基质为隐晶质和玻璃质,显瓷状断口。

三、变质岩

变质岩是地壳发展演化过程中,原来已经存在的各种岩石由于地壳的构造运动、岩浆活动、地热流的变化等内力地质作用条件下,原来岩石所处的地质环境及物理化学条件发生了改变,使岩石的结构、构造、物质成分等发生变化而形成的一种新的岩石。这一使岩石发生变化的地质过程总称为变质作用❶。

根据变质作用发生的地质背景和物理化学条件,变质作用划分为接触变质作用、气—液变质作用、动力变质作用和区域变质作用等四种类型❶。

接触变质作用是指岩浆侵入围岩后引起的变质作用。一般其规模不大,分布局限,主要在侵入岩体与围岩的接触带附近发生❶。

气—液变质作用是由化学活动性较强的气态或液态流体对岩石发生的交代变质作用❶。

动力变质作用是指地壳构造运动所产生的构造应力使岩石发生的破碎、变形和重结晶作用❶。

区域变质作用是指岩石圈大规模范围内发生的多种因素综合作用下的复杂变质作用❶。

在秦皇岛地区,新太古代侵入的花岗岩❷,经历了多期地质构造运动,大部分发生了区域变质作用,主要岩石类型有花岗片麻岩、正长花岗片麻岩和黑云母片麻岩等。

花岗片麻岩:呈灰白色,中粗粒结构,块状构造,片麻状构造;矿物成分主要为斜长石、正长石和石英,暗色矿物为角闪石和黑云母;呈北东向巨大岩基分布在秦皇岛—山海关—绥中沿海一带❷;岩石成分分布不均匀,结构变化大;最具代表性的露头分布在联峰山等地区;侵入时代为2494～2600Ma之间[3];侵入期是五台期大规模岩浆活动的结果,这一时期岩浆活动的结果奠定了该区的结晶基底。

正长花岗片麻岩:呈肉红色、浅肉红色,中细粒,半自形粒状结构,片麻状构造,块状构造;主要矿物为正长石、斜长石、石英;多呈小规模的岩体分布于花岗片麻岩体中;鸡冠山山脚有分布。

黑云母片麻岩:灰黑色,片麻状构造,中细粒结构;主要矿物成分是黑云母,含量超过了45%,定向排列,片理发育,另有石英、斜长石和正长石等矿物;主要分布在联峰山一带。

本地区的接触变质作用主要发生在晚侏罗世。由于岩浆侵入,在岩浆高温和岩浆流体作用下,围岩发生了不同程度的变质作用。主要分布在盆地西部花场峪至吴庄一带,寒武纪地层中的泥岩变质为板岩,石灰岩变质为大理岩以及夕卡岩。祖山东门秋子峪公路西侧悬崖上出露的正长斑岩侵入到了寒武系碳酸盐岩地层中,侵入岩周围的泥岩变质为了板岩。板岩呈黑

❶ 游振东,王方正.《变质岩岩石学教程》讲义.武汉:武汉地质学院,1986.
❷ 中国地质大学(北京).《北戴河地质认识实习指导书》讲义.北京:中国地质大学(北京),2001.

色、灰黑色，板状构造，结构致密，坚硬。碳酸盐岩转化为了夕卡岩，接触带附近形成了宽度数米到十多米宽的夕卡岩带。

第三节　主要矿物

秦皇岛地区岩石类型齐全，矿物种类繁多，现就秦皇岛地区存在的主要矿物分述如下。

石英：分布广泛，在鸡冠山新元古界长龙山组石英砂岩、柳江庄二叠系下石盒子组长石砂岩、新太古界花岗片麻岩和侏罗系花岗岩以及滨海现代沉积物中均有比较高的含量。石英晶体呈六方柱锥形，柱面上有横纹[1]，集合体呈晶簇或块状。无解理，具贝壳状断口。颜色常为无色、乳白色、灰白色，因含各种杂质，颜色多变。晶面具玻璃光泽，断口具油脂光泽，纯净者透明或半透明状。硬度为7.0，相对密度为2.65。沉积岩中的石英颗粒常呈乳白色、灰白色，粒状。侵入岩中的石英颗粒常呈暗灰色，半透明状，多为粒状，偶见锥形晶体。

正长石：主要分布在二叠系和侏罗系下统各砂岩和砾岩地层中以及新太古界正长花岗片麻岩和侏罗系花岗岩中。正长石晶体呈板状或短柱状[1]，常见穿插双晶和接触双晶。两组解理，一组完全，另一组中等，夹角为90°。颜色为肉红色、浅黄红色，具瓷板状光泽，半透明。硬度为6.0，相对密度为2.54～2.57。沉积岩中的正长石呈肉红色、黄红色，粒状。正长石容易风化，风化后转换为白色、灰白色的高岭土。柳江庄二叠系下石盒子组长石岩屑砂岩表面可见正长石风化后转化为灰白色高岭土的现象，有些还保留了正长石晶体的外形。在新太古界伟晶岩岩脉中可见晶体颗粒粗大的正长石晶体。

斜长石：主要分布在新太古界花岗片麻岩和伟晶岩岩脉以及侏罗系花岗岩中。板状或板柱状晶体。两组解理，夹角为84°24′～86°50′。白色、灰白色，具瓷板状光泽。硬度为6.0～6.5，相对密度为2.61～2.76。在新太古界花岗伟晶岩岩脉中可见晶体颗粒粗大、晶形完整的斜长石。

黑云母：晶体呈六方形或菱形板状或片状[1]，极完全解理，容易撕成薄片，并具有弹性。黑色、深褐色，具玻璃光泽。硬度为2.0～3.0，相对密度为2.7～3.2。侵入岩中的黑云母多呈鳞片状集合体，叠置厚度比较大，呈书页状。在联峰山新太古界花岗片麻岩中可见直径超过2cm，叠置厚度为0.5cm的黑云母鳞片集合体。

白云母：晶体呈六方形、菱形板状或片状[1]，具极完全解理，容易撕成薄片，并具有弹性。白色或无色透明，具玻璃光泽。硬度为2.0～3.0，相对密度为2.7～3.2。在滨海沙滩上分布有较多的白云母碎屑。

方解石：方解石是构成石灰岩的主要成分，在碎屑岩中多作为胶结物的形式存在。晶体呈菱面体、复三方偏三角面体。三组完全解理。晶体多为乳白色或无色透明，具玻璃光泽。硬度为3.0，相对密度为2.71。方解石也多以集合体的形式出现，比如多晶簇、

---

[1] 武汉地质学院矿物教研室.《矿物学》讲义. 武汉：武汉地质学院，1984.

粒状(出现在大理岩中)、隐晶状(出现在隐晶质灰岩中)、鲕状(出现在鲕粒灰岩中)、钟乳状等类型。滴盐酸起泡剧烈。方解石晶体在寒武系和奥陶系碳酸盐岩地层的断裂中和溶洞中常见到。

白云石:晶体常弯曲呈马鞍状菱面体,集合体最常见,多呈粒状❶。灰白色或带有浅黄褐色。硬度为3.5~4.0,相对密度为2.8~2.9。在冷盐酸中不起泡,在热盐酸中起泡。白云石比方解石更耐风化,所以在风化面上白云石常常突出在碳酸盐岩表面上(石门寨西门外可见)。

高岭石:呈疏松片状、致密块状、粗粒状、土状集合体。白色、灰白色,或略带浅黄、浅褐、浅蓝等颜色。块状高岭石具土状光泽,贝壳状断口。有粗糙感,手搓易碎呈粉末,干燥时有吸水性,以舌尖舔之有黏舌感❶,掺水后具可塑性。硬度接近1,相对密度为2.58~2.60。主要是长石、云母等铝硅酸盐矿物风化后转化而成。柳江庄二叠系下石盒子组风化后的长石岩屑砂岩表面可见到。高岭石在储集层中常以填塞物的形式分布,堵塞喉道,降低渗透率。

绿泥石:晶体呈片状、板状,集合体为鳞片状。解理极完全[8]。多为绿色、褐绿色,具玻璃光泽或珍珠光泽。硬度为2.0~2.5,相对密度为2.8。在蚀变的花岗岩中可见到。

海绿石:晶体呈细小圆粒状,常呈浸染状分布于海相砂岩和泥质碳酸盐岩中。暗绿色、黄绿色。硬度为2.0~3.0,相对密度为2.2~2.8。海绿石属自生指相矿物,一般认为只生成于浅海和滨海环境[8]。鸡冠山新元古界长龙山组石英砂岩、泥质粉砂中含有比较高的海绿石。

角闪石:角闪石种类很多,普通角闪石晶体呈长柱状,横切面为六边形或菱形,集合体为放射状、纤维状、针状、粒状、片状或致密块状等。两组解理夹角56°与124°,一组完全,一组不完全。颜色为带绿的褐色和黑色,具玻璃光泽,条痕为带绿的白色。硬度为5.5~6.0,相对密度为3.1~3.4。在侏罗纪时期侵入的花岗岩中可见角闪石晶体和集合体,在侏罗纪的喷出岩中可见角闪石斑晶。

辉石:辉石种类很多,普通辉石晶形呈短柱状,横切面近似正方形或八边形,集合体为粒状或致密块状。黑绿色、黑褐色,条痕为灰绿色,具玻璃光泽。两组解理夹角87°与93°,发育中等。硬度为5.0~6.0,相对密度为3.2~3.6。在侏罗纪的喷出岩中可见辉石斑晶,早白垩世侵入的辉绿岩中见辉石斑晶。

黄铁矿:晶形为立方体或五角十二面体。解理极不完全,断口参差状❶。浅黄色,表面常有斑点状的黄褐色。条痕为褐黑色,绿黑色,具金属光泽。集合体呈致密块状、浸染状或球状结核体,黄铁矿结核常存在于煤层中。硬度为6.0~6.5,相对密度为4.9~5.2。在石门寨西门外石炭系山西组和太原组地层中含有较多的黄铁矿结合。

赤铁矿:晶体呈板状或片状,常呈各种形态的集合体,如鲕状、豆状或肾状。晶体呈铁黑色,隐晶和粉末呈红色,条痕呈樱桃红色。半金属光泽。硬度为5.5~6.0,相对密度为5.0~5.3。在上庄坨喷出岩中见赤铁矿条带。

磁铁矿:晶体常呈八面体,少数为菱形十二面体。集合体通常成致密粒状块体,在基性岩

---

❶ 武汉地质学院矿物教研室.《矿物学》讲义.武汉:武汉地质学院,1984.

浆岩中呈分散粒状。铁黑色,条痕黑色,具半金属光泽。硬度为 5.5～6.0,相对密度为 4.9～5.2。无解理。具有磁性。在上庄坨安山岩中见磁铁矿条带,在联峰山黑云母片麻岩中见磁铁矿透镜体。

黄铜矿:晶形呈四方四面体,常呈致密块状或分散颗粒状集合体。铜黄色,条痕绿黑色,具金属光泽。硬度为 3.0～4.0,相对密度为 4.1～4.3。在一些侵入岩中可见。

蓝铜矿:厚板状小晶体,集合体呈晶簇状或致密块状。深蓝色,浅蓝色,具玻璃光泽。硬度为 3.5～4.0,相对密度为 3.7～3.9。晶体有解理。是铜矿床氧化带的产物,经常与孔雀石伴生[1]。主要分布在上平山矿化带中[2]。

孔雀石:晶体少见,多为针状、放射状集合体,或为钟乳石状、肾状、葡萄状等隐晶集合体。色鲜绿,条痕淡绿色,具玻璃光泽。硬度为 3.4～4.0,性脆,相对密度为 3.9～4.1。晶体具有两组完全解理。滴酸后立即起泡。形成于铜矿床氧化带,是铜矿床氧化带的产物。主要分布在上平山矿化带中。

方铅矿:晶体常呈立方体,有时以八面体与立方体聚形出现。集合体常呈粒状或致密块状。铅灰色,金属光泽,条痕为钢灰色[1]。硬度为 2.0～3.0,相对密度为 7.5。三组完全解理,解理面相互平行。具弱导电性。主要分布在上平山矿化带中。

闪锌矿:晶体为四面体,晶面上常有三角形花纹,经常呈粒状集合体。淡黄色、黑色、棕色。具半金属光泽、金刚光泽。条痕为白色至褐色。硬度为 3.5～4.0,相对密度为 3.9～4.2。六组完全解理[1]。主要分布在上平山矿化带中。

铅矾矿:板状晶体,集合体呈致密块状、细小晶簇状及土状。纯净体为无色透明,因含杂质常呈黑色,金刚光泽,断口呈油脂光泽[1]。硬度为 2.5～3.0,性脆,相对密度为 6.1～6.4。无解理。是方铅矿风化的产物,因此分布在铅矿的氧化带中,常与方铅矿、闪锌矿伴生。

白铅矿:晶体呈假六方锥状或板状。集合体呈致密块状或钟乳状。白色,如果含杂质时略带其他浅色,具金刚光泽[1]。硬度为 3.0～3.5,性极脆,相对密度为 6.4～6.6。无解理,断口贝壳状。滴 HCl 起泡。主要分布在上平山矿化带中[2]。

燧石:隐晶、微晶结构,常呈结核状、透镜状或条带状产出于碳酸盐岩中。灰色、黑色。贝壳状断口[1]。硬度为 7.0,相对密度为 2.53。主要分布在奥陶系亮甲山组石灰岩中。

萤石:晶体常呈立方体,少数为菱形十二面体及八面体。立方体晶面上常有与棱平行的嵌木地板式的条纹[1]。集合体呈粒状或致密块状。常呈各种美丽的颜色,包括黄、绿、蓝、紫黑、红等,玻璃光泽,具有荧光现象。硬度为 4.0,性脆,相对密度为 3.18。解理完全。主要分布在上平山矿化带中[2]。

重晶石:晶体常呈板状、柱状,经常形成板状集合体,也见致密块状。纯净的为无色透明,因含有杂质而被染成灰白色、淡红色、淡褐色等,玻璃光泽。硬度为 3.0～3.5,性脆,相对密度为 4.3～4.7。三组完全解理[1]。与 HCl 不起作用(区别于方解石[1])。主要分布在上平山矿化带中[2]。

❶ 武汉地质学院矿物教研室.《矿物学》讲义.武汉:武汉地质学院,1984.
❷ 周琦、李延平,方德庆,等.《秦皇岛地质认识实习教学指导书》讲义.大庆:大庆石油学院,2000.

第四节　地质构造及岩溶地貌

一、褶皱构造

由于受区域背景的影响,柳江盆地及周边地区构造复杂,断裂发育。柳江盆地整体为一向斜构造,但在局部又发育许多小规模的次级构造。具有考察意义的褶皱构造有义院口背斜、柳观峪—秋子峪背斜、张赵庄—吴庄背斜、大洼山—老君顶向斜。

义院口背斜:位于义院口煤矿公路旁,属柳江向斜北端部的一个次级褶皱❶。规模小,出露地层为二叠系深灰色、灰色砂质页岩、砂岩及含砾砂岩。核部为砂质页岩,两翼为砂岩和含砾砂岩。背斜轴向70°,枢纽向北东东向倾伏,北翼地层倾角较缓,产状为5°∠25°,南翼较陡,产状为140°∠60°,背斜转折端圆滑,发育向核部收敛的放射状节理。

柳观峪—秋子峪背斜:位于柳观峪、秋子峪以南,属柳江向斜西翼的一个次级褶皱。轴向呈北北东向延伸,向北北东向倾伏。背斜核部地层由府君山组地层组成,两翼由馒头组、毛庄组、徐庄组、张夏组组成。发育南北向断层、北东向和北西向断层。北端褶皱紧闭,两翼不对称,西翼缓,东翼陡;南端开阔,基本对称。

张赵庄—吴庄背斜:位于张赵庄、吴庄、花场峪一带,属柳江向斜西翼部位的一个次级褶皱。轴向呈近南北向延伸,背斜核部地层为徐庄组,两翼由张夏组、崮山组、长山组、凤山组地层组成。西翼地层产状为270°∠40°,东翼地层产状为85°∠30°❶。

大洼山—老君顶向斜:位于柳江向斜的核部。轴向呈南北向,核部地层为髫髻山组火山岩,翼部地层为下侏罗统下花园组、二叠系、石炭系、奥陶系和寒武系。西翼地层较陡,产状为108°∠72°❶,东翼地层较缓,产状为283°∠33°。

二、断裂系统

柳江盆地的断裂构造大多与柳江向斜的背景有关,根据走向可划分为四组主要断裂:南北向、东西向、北西向、北东向。

南北向断裂:主要发育于柳江向斜的两翼部位。西翼由若干条南北向逆断层组成的断裂带,长10km左右,宽约200~300m。断面西倾,倾角一般大于60°,切穿了古生界和中生界。东翼发育有北林子—潮水峪逆断层❶。南北走向断层可能与柳江向斜成因上有关联。

东西向断裂:主要发育于柳江向斜的南部。比较典型的有柳江向斜南部的南部落—南林子—上平山逆断层;发育于柳江向斜东翼的石嘴子—沙河寨—大峪口正断层和东部落西山断裂等❶。东西向断层多形成于中生代。

北西向断裂:主要有柳江向斜西翼的花场峪—王庄断层,柳江向斜北端部查庄—王家峪正断层、白云山—温庄北正断层、罗峪—陈家沟正断层、大刘庄—娃娃峪正断层、半壁店北—潮水峪正断层、黄土营—张岩子北正断层和夏家裕断层❶。主要集中发育在柳江向斜的北端和向斜的东翼。

北东向断裂:主要发育于柳江向斜的西翼,有柳观峪东断裂、吴庄—车厂断裂等❶。

---

❶ 周琦,李延平,方德庆,等.《秦皇岛地质认识实习教学指导书》讲义. 大庆:大庆石油学院,2000.

三、地堑构造

最典型的是鸡冠山汤河地堑。汤河从鸡冠山西北侧穿山而过,汤河流经此处,是一个规模比较大的地堑。地堑是一组北北东走向,倾向相对,倾角比较陡的正断层构成。河谷两侧呈悬崖峭壁,近于直立。两侧出露地层为新元古界长龙山组,谷底是新太古界花岗片麻岩和第四纪河床沉积物。

四、溶洞及岩溶地貌

柳江盆地碳酸盐岩发育,从下古生界下寒武统府君山组到中奥陶统马家沟组,累计厚度1117m的地层中碳酸盐岩的厚度超过了800m,在这套地层中有溶洞、落水洞、溶沟、石芽等岩溶地貌。

岩溶地貌是岩溶作用的结果,是地表水和地下水与岩石间发生化学反应而使岩石溶蚀遭到破坏的过程❶。岩溶作用一般需要四个条件:

(1)岩石是可溶的。自然界分布最广泛的可溶性岩石是碳酸盐岩,因此岩溶现象主要发育在碳酸盐岩发育区。

(2)岩石要有透水性。透水性强的岩石往往有利于地下水对可溶性岩石的溶蚀。影响碳酸盐岩透水性的主要因素是裂隙,孔隙度则居于次要地位。地表岩石因风化形成的裂隙只对地表岩溶发育有影响,而构造运动产生的裂隙和断层延伸较深,使地下水能向深部渗流,有利于形成规模较大的地下溶洞。

(3)地下水具较好的溶蚀能力。衡量地下水的溶蚀力的主要指标是水中 CO_2 的含量,含量越高,溶蚀能力越强。

(4)有丰沛的地表和地下水。

在山羊寨、黄土营、东部落、沙河寨、潮水峪、石门寨、北林子、柳观峪和板厂峪等地分布的奥陶纪碳酸盐岩地层中,广泛发育着大小不同、形态各异的溶洞。最典型的岩溶地貌主要发育在沙锅店奥陶系石灰岩地层中。

第五节　地质演化发展简史

柳江盆地位于中朝地台区北带的燕山台褶带东段。中朝地台区太古宇基底岩系分布广泛,自北而南划分三个带,北带自内蒙古乌拉山至冀东燕山,并继续向东延至吉林南部的龙岗山;中带西起吕梁山,东至鲁西地区;南带自淮南至豫西[4]。燕山台褶带东段,古太古代地层为迁西群,为深变质麻粒岩和片麻岩,含多层硅铁沉积,恢复原岩为超基性及基性火山岩[4]。说明在古太古代该区就有超基性、基性岩浆活动。古太古代晚期,中朝地台出现了初始陆核[4]。新太古代末,秦皇岛地区发生了大规模的酸性浆岩侵入活动,山海关抬拱区主要就是由新太古界花岗岩组成,整体为一个花岗岩穹隆。

新太古代末期,受阜平运动、五台运动和吕梁运动的影响,这一时期形成的青龙—滦县大断裂控制了该区古元古代、中元古代的沉积背景和格局,柳江地区处于断裂的东盘,持续抬升,

---

❶ 徐成彦,赵不亿.《普通地质学》讲义. 武汉:武汉地质学院,1983.

遭受强烈的剥蚀,因此缺失古元古界、中元古界地层。

新元古代,华北地区整体沉降,沉积基准面上升,开始海侵。随着海侵范围的逐渐扩大,柳江盆地所在区接受沉积,形成了长龙山组比较纯净的滨浅海相海绿石石英砂岩和页岩,向上逐渐过渡为灰绿色泥岩和薄层白云质灰岩地层,即景儿峪组。新元古界地层直接超覆于新太古界花岗岩之上。这一时期属于平缓的滨海海滩至亚浅海沉积环境,反映了当时秦皇岛地区准平原化的地貌特征。

古元古代后期,受蓟县运动的影响,中朝地台整体抬升,沉积基准面下降,该区转化为陆地,没有接受沉积,一直持续到元古宙结束,以剥蚀作用为主,因此该地区缺失震旦纪地层。

早古生代开始,中朝地台开始快速沉降,沉积基准面上升,该区整体上处于海侵状态,在早寒武世,沉积了一套底部为砂砾岩、上部为厚层灰岩的地层,即府君山组,说明当时该地区由陆地剥蚀环境逐渐过渡为滨浅海环境的演化过程。之后,区内存在小幅度的升降,并且气候相对炎热干旱,出现了沉积间断,但持续时间比较短,然后又接受沉积,在大部时间里属潮间潟湖环境,因此,下寒武统馒头组和中寒武统毛庄组、徐庄组沉积了一套以紫红色碎屑岩为主,夹少量白云质灰岩的地层组合。

从中寒武世后期开始至中奥陶世末期,秦皇岛地区长时间处于浅海沉积环境,虽然有小幅度的升降波动,但大的环境没有改变,相对稳定,因此沉积了巨厚层碳酸盐岩,局部夹少量泥质条带或页岩,累计厚度近700m。

进入晚奥陶世,由于加里东运动,整个华北地区抬升,海水后退,沉积基准面下降,该区再次上升为陆地,沉积间断,处于剥蚀状态,一直延续到中石炭世,持续近370Ma,因此缺失晚奥陶世、志留纪、泥盆纪和早石炭世地层。长期的风化剥蚀作用,在凸凹不平的风化面上残积了厚度为6.0m左右的含铁铝质黏土层,区域上将该层归为中石炭世本溪组,也是上古生界和下古生界的重要分界线。

中石炭世以后,中朝地台开始缓慢沉降,沉积基准面缓慢上升,本区此时属沿海低地,间歇性的出现海侵现象,沉积了一套海陆交互相的含煤碎屑岩系。这一状态一直持续到晚石炭世末期。

晚石炭世末期,秦皇岛地区缓慢抬升,海水后退,至早二叠世本区完全脱离海洋环境,沉积了一套河、湖、沼泽相为主的含煤碎屑岩地层。到晚二叠世时期,气候变得比较干旱,秦皇岛地区沉积了一套以河流相为主的粗碎屑岩地层,不含煤层。

晚古生代末期到中生代早期,受海西运动的影响,本区抬升幅度加大,完全处于剥蚀状态,缺失中生代早、中三叠世地层。

中三叠世末期的印支运动对本区有较大的影响,使地层发生构造变形,地表形成高低起伏变化,柳江盆地南部成了低洼积水的小湖盆,在晚三叠世,沉积了一套冲积、湖泊、沼泽碎屑岩地层,即黑山窑组。与下伏的二叠系石千峰组角度不整合接触。

随着印支运动的加剧,受近南北向应力的作用,柳江盆地产生了南北向的扭动,整体转化成了小型湖盆,湖盆南北向长15.5km,东西向宽3.7km,沉积了一套冲积扇、河流、沼泽、湖盆环境为主的粗碎屑岩建造,即下侏罗统下花园组。

侏罗纪中期的燕山运动控制了秦皇岛地区中生代以后的构造格局、沉积作用和火山活动,现今的构造格局基本上是燕山运动影响的结果。早侏罗世末期,燕山运动Ⅰ幕发生,地壳被挤压、变形、相对抬升。伴随着断裂的活动和地层的变形,印支运动期形成的柳江盆地中部南北向的断裂活动加剧,并发生了火山喷发,在柳江盆地中部形成了中侏罗统髻髻山组以安山岩为主的火山熔岩和火山碎屑岩堆积。上庄坨傍水崖、老君顶、义院口的喷出岩就是该时期形成的。

中侏罗世后期，受燕山运动Ⅱ幕的影响，在近东西向挤压应力的作用下，柳江向斜形成，早期，两翼地层可能较缓，并大致对称。晚侏罗世末期燕山运动Ⅲ幕的发生，岩浆活动加剧，形成了大型的花岗岩岩体，位于柳江向斜西侧的响山花岗基岩形成于这一时期。在挤压应力作用下，柳江向斜的西翼地层倾角变陡，直立，甚至倒转，并产生一系列南北走向的逆断层。在向斜的北端伴随有火山活动，形成了上侏罗统张家口组中酸性火山熔岩和火山碎屑岩堆积。

进入白垩纪之后，秦皇岛地区构造活动相对平静，只有一些小型岩体和浅成岩脉侵入。一直到第四纪，全区总体上是处于剥蚀状态，因此缺失中生代白垩纪到新生代古近—新近纪的地层，第四纪的沉积作用主要发生在河谷、低洼地段和滨浅海环境。

进入第四纪以后，区内发生了三次比较明显的抬升，形成了大石河的三级河流阶地、鸽子窝和老虎石的三级海蚀凹槽和波切台。

思 考 题

(1)查阅资料并总结陆源碎屑岩的分类和命名方法。

(2)查阅资料，分析柳江盆地地质构造特征以及与区域构造活动的关系。

(3)简述柳江盆地地层层序的特征。

(4)总结地质作用的一般规律以及各种地质作用之间的关系。

(5)秦皇岛地区的哪些地质资源具有开发旅游资源的潜力？

第三章 鸽子窝现代三角洲沉积作用及海岸地貌特征

实习路线:浅水湾—赤土河三角洲—北戴河鸽子窝公园。

构造位置:柳江盆地外围,燕山隆起与渤海湾凹陷过渡带上。

考察内容:(1)考察现代三角洲沉积特征,了解三角洲沉积体系的分类和相带划分;

(2)观察海岸地貌和海洋地质作用;

(3)观察新太古界花岗片麻岩及伟晶岩岩脉特征;

(4)观察裂缝特征,掌握裂缝的测量、描述方法,分析裂缝的成因。

第一节 赤土河现代三角洲沉积特征

三角洲属海陆过渡相(或河流湖泊过渡相),由于其特殊的背景位置和砂泥岩沉积构成关系,往往是形成大型、特大型油气田的重要沉积体系,一直都是地质学家和石油工程师重点研究、解剖的对象。

一、三角洲分类

三角洲的分类方案很多,侧重点和目的不同,分类时所依据的控制因素和特征不同,结果也不同。有些依据控制因素进行分类,有些依据背景分类,有些按照形态特征分类。

(一)湖盆三角洲分类及特征

湖盆三角洲的分类一般是根据入湖的河流特征进行分类,通常可划分为(图3-1)扇三角洲、辫状三角洲和正常河流三角洲[5]。

扇三角洲是指从邻近高地,没有经过河流的搬运,直接前积到湖盆中的扇体[5]。

辫状三角洲是由辫状河体系前积到湖盆中形成的富含砂和砾的三角洲[5]。

河流三角洲物源距湖盆很远,其碎屑物通过河流长距离的搬运,流经山麓冲积平原、丘陵地区、泛滥平原,最后经三角洲平原入湖,是在河口附近的陆上和浅水环境中形成的碎屑沉积体[5]。

以上三者在沉积背景、沉积机制、碎屑物结构特征、砂体分布、储集物性等方面存在明显差别[5]:

(1)在古地理和古构造背景上,扇三角洲形成于陡峭的山地前缘的湖盆中,或构造造成的陡峭湖岸地形的湖盆中(图3-1),坡降一般在每千米数十米以上。辫状三角洲往往形成在有一定坡度的地区,坡降一般在5~20m/km之间。河流三角洲一般发育在有宽阔平坦沿湖平原

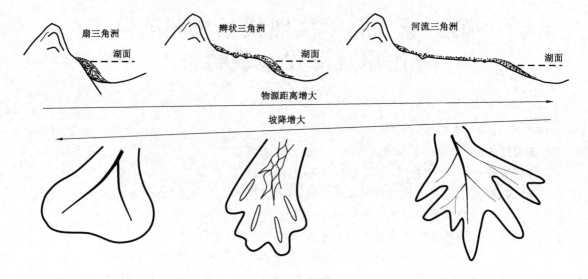

图 3 - 1 扇三角洲、辫状三角洲、河流三角洲形成背景示意图[5]

的湖盆区,坡降一般小于3m/km[5]。根据国内一些断陷盆地中沉积体系分布特点,一般有这样的规律,断陷湖盆陡坡带发育扇三角洲,盆地的两端发育辫状三角洲,盆地的缓坡带常形成正常河流三角洲。

(2)在古气候方面,干旱炎热、地表裸露的地区容易形成扇三角洲;在温暖潮湿、植被发育的地区多形成辫状三角洲和河流三角洲。

(3)沉积过程中,扇三角洲多表现为风暴型流量控制;辫状三角洲表现为湍急洪水控制,为季节性的特点;正常河流三角洲表现为终年性的特点。

(4)平面形态上,扇三角洲呈扇形,辫状三角洲呈伸长状或舌状,正常河流三角洲呈鸟足状(图3-1)。

(5)扇三角洲平原亚相中重力流沉积物发育,常见大的漂砾,相反,辫状三角洲和河流三角洲平原亚相中少见重力流沉积物。

(6)辫状三角洲和河流三角洲前缘亚相中河口沙坝比较发育,而扇三角洲前缘亚相中河口沙坝不发育或缺乏河口沙坝沉积。

(7)辫状三角洲和河流三角洲的平原亚相一般是比较好的储集层,而扇三角洲平原亚相储集条件一般比较差。

(8)辫状三角洲在其前三角洲亚相或半深湖相中经常会有深水浊积岩发育,而扇三角洲的前三角洲亚相中一般深水浊积岩不发育,正常河流三角洲的前三角洲亚相或半深湖相中偶尔可见浊积岩沉积,一般规模小、厚度薄。

(二)河流入海三角洲的分类

按照河流输入碎屑物数量、海洋能量和三角洲形态,可将河流入海三角洲划分为4类❶(表3-1):

---

❶ 陈钟惠.《含煤岩系沉积环境分析》讲义.武汉:武汉地质学院,1984.

表 3-1　三角洲分类相关属性参数

三角洲类型	坡降	水体深度	碎屑物供应	河流能量	海浪能量	潮汐能量	河口长宽比	沉积体系厚度	砂体相对发育的亚相	河口平面形态
鸟足状三角洲	小	浅	大	强	弱	弱	>2:1	大	三角洲平原、三角洲前缘	鸟足状
朵状三角洲	平原区坡降小，前缘区坡降大	深	大	强	中等	弱	≈1:1	大	三角洲平原、三角洲前缘	朵状
港湾状三角洲	中等—小	中等—深	中等	较弱	中等	强	1:1~2:1	中等	三角洲前缘	喇叭口状
鸟嘴状三角洲	中等—大	中等—深	小	弱	强	中等	<1:1	小	三角洲前缘	不规则菱形状

　　鸟足状三角洲:坡降缓,河口地带海水浅,碎屑物供应充分,河流作用为主,海水作用弱,河流在河口部位形成许多分流河道,各个分流河道流向不同的方向,延伸距离远,平面上呈鸟足状[6][图 3-2(a)]。现代的密西西比河三角洲和黄河三角洲都是比较典型的鸟足状三角洲。

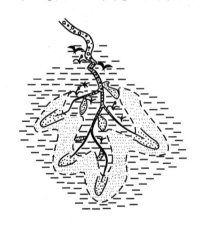

(a)鸟足状三角洲平面形态

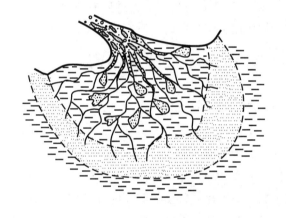

(b)朵状三角洲平面形态

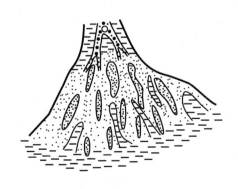

(c)港湾状三角洲平面形态

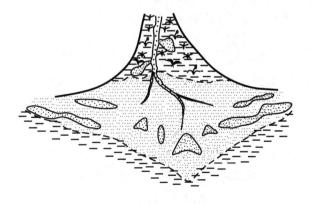

(d)鸟嘴状三角洲平面形态

图 3-2　三角洲分类示意图

朵状三角洲:三角洲平原地带坡降缓,前缘地带坡降较大,河口处海水较深,波浪作用中等。碎屑物供应充分,在分流平原上形成许多分叉,常溢岸改道,延伸距离短,呈放射状向海延伸,或呈网状河的形式向海延伸[图3-2(b)]。现代的尼罗河三角洲和尼日尔河三角洲都是比较典型的朵状三角洲。

港湾状三角洲:坡降中等,碎屑物供应量较小,发育在潮汐作用强的地区,河流在河口地区沉积的碎屑物被潮汐流冲刷,改造成线状潮汐沙坝,这些沙坝平行于潮汐流方向,在河口的前方分裂成指状,放射状排列,状如港湾[6][图3-2(c)]。长江三角洲接更近为港湾状三角洲。

鸟嘴状三角洲:坡降较大,波浪作用强度大。碎屑物供应量小,河流入海只有一条主流河道或比较少的分流河道,河流输入到海里的碎屑物很快波浪冲刷搬运。于是碎屑物再分布,在河口两侧形成一系列平行海岸分布的沿岸沙坝、沙滩和沙嘴。只在主流河口前端才有较多的碎屑物堆积,形成突出的河口,状似鸟嘴[6][图3-2(d)]。红河口三角洲属于比较典型的鸟嘴状三角洲。北戴河的赤土河三角洲接近于鸟嘴状三角洲。

根据河流、潮汐和波浪作用能量的大小,三角洲又可划分为河控三角洲、浪控三角洲和潮控三角洲三种类型[6][8]。

通常鸟足状三角洲和朵状三角洲形成过程中河流的作用大于海洋的改造作用,归属为河控三角洲;港湾状三角洲形成过程中潮汐的改造作用很强大,因此归为潮控三角洲;鸟嘴状三角洲形成过程中波浪的改造作用大于河流的作用,归为浪控三角洲。

二、赤土河三角洲特征

(一)各相带特征

赤土河河口呈不规则的菱形状,入海口处宽50m左右,喇叭口最宽处2000m,退潮后露出水面的面积为1.0~1.6km²。三角洲的南侧堤岸为新太古界花岗片麻岩和伟晶岩基岩,北侧堤岸为滨海沙坝。赤土河常年流量较小,碎屑物应供应能力低。由于人工改造,赤土河三角洲被限制在一个比较狭窄的范围内,入海口前端建立了人工防潮闸,三角洲平原不太发育,但三角洲的一些特征仍可以分辨出来。

从外形上看,赤土河三角洲属于比较典型的鸟嘴状三角洲,三角洲平原上有一条主河道,当潮水退到最低位时,在水线附近有4~5条水下分流河道,分流河道前端分布一些透镜状或新月形的河口沙坝(照片1)。由于波浪的改造,三角洲的两侧分布了一系列的沿岸沙坝。

站在鹰角亭可以观察到三角洲平原上的分流河道、分流间。退潮后也能够观察到三角洲前缘的水下分流河道、河口沙坝和沿岸沙坝。

1. 三角洲平原

三角洲平原位于高潮线以上,地势平坦,发育沼泽(照片2)。由于人工改造的影响,三角洲平原面积很小。三角洲平原大致在滨海大道附近,主要有分流河道和分流间,分流河道常年有水,涨潮时会有海水倒灌,以砂质沉积为主,分流河道宽10~20m,水深0.5~1.0m。分流间出露于水面之上,生长大量草本植物,暴雨季节会被水淹没,特大潮时也会被海水淹没。三角洲平原的主要沉积物为粉砂和泥。三角洲平原上爬行生物数量众多,生物潜穴密度大,主要以捣米蟹为主。

2. 三角洲前缘

滨海大道以东大部分区域,涨潮时在水面以下,地势平坦,退潮后可分辨出水下分流河道、水下分流河道间、河口沙坝。由于波浪的改造,水下天然堤不发育。

水下分流河道:宽度 10～15m,河道槽深 0.5～1m,河道比较平直,在前端分叉,呈放射状入海;岩性主要以中砂岩、细砂岩为主;石英含量为61%,正长石和斜长石含量为30%,云母含量为6%,泥质含量小于3%;分选好,磨圆度为次圆到圆状。

水下分流河道间:以泥和粉砂沉积为主;由于河流带来大量陆上有机质,海洋生物在此觅食、繁殖,主要有蛤蜊、寄居蟹、文蛤等,退潮后常常聚集大量海鸟在此地觅食,海洋生物为了躲避鸟类和阳光,或钻洞挖穴,或随潮水退到海水面以下,表面分布大量生物潜穴。

河口沙坝:分布于水下分流河道前端,岩性以粉砂岩、细砂岩为主;矿物成分主要为石英,含量为66%,正长石和斜长石含量为28%,黑云母含量为4%,极少量的其他暗色矿物和泥质。河口沙坝的平面形态大致上有两种类型,一种为规则的透镜状,另一种为不规则的新月形(照片1)。规则的透镜状沙坝分布在主河口的前端,长宽比大致上 3∶1,长轴平行于水下分流河道的延伸方向。不规则的新月形沙坝分布在规模较小的水下分流河道前端,新月形的凸顶对着水下分流河道,凹弧一侧面向大海。这两种类型的沙坝都是河流和海洋共同作用的结果。河流携带大量碎屑物,遇到水流方向相反的海水后,能量突然降低,碎屑物被卸载,堆积在河口前端,使得河流的水流从沙坝的两侧分流,将沙坝改造为透镜状,再加上波浪的冲刷改造,使沙坝呈比较规则的透镜状。规模较小的水下分流河道的能量较小,在其前端卸载的碎屑物受波浪的改造作用明显,使碎屑物向两侧迁移,呈不规则的新月形。

(二)生物类型和生物活动

河流入海口地区有机质丰富,地势平坦,波浪运动弱,海洋生物丰富,以潜穴寄居生物和软体生物为主,有捣米蟹、沙蚕、竹蛏、扁玉螺、毛蚶、蛤蜊、圆球股窗蟹、滩栖螺、海蜇等[3]。

生物在沙滩上觅食和生活留下了大量的生物潜穴、爬行痕迹、排泄物(照片3)。沉积成岩后,这些痕迹保留下来,形成遗迹化石。当涨潮时,大量生物出来觅食,退潮后,沙滩露出水面,为躲避天敌,爬行生物开始潜穴,等待下一次潮汐来临。赤土河三角洲有机质丰富,滩浅,引来大量海洋生物聚集觅食,海洋生物的丰富又引来大量的鸟类聚集,因此在三角洲前缘和三角洲平原上形成了大量的生物潜穴和其他遗迹。三角洲前缘上的潜穴密度为80～150 个/m²,潜穴直径为3～7mm,潜穴深度为5～15cm,垂直潜穴和倾斜潜穴均有发育,垂直潜穴占35%,倾斜潜穴占65%,倾斜潜穴的倾斜角一般为50°～70°(潜穴与垂线的夹角)。三角洲平原上以比较大的生物为主,多为捣米蟹。捣米蟹头胸甲呈梨形,甲面隆起,步足长节内外侧各具一个卵形鼓膜,螯足长节只内侧具一长卵形鼓膜。捣米蟹群居在淤积的沙滩上,退潮后活动,以洞口为中心向外边走边以双螯挖取沙团送入口中,有机质被筛下,剩下沙团,以丸状自口上方吐出,再以螯摘下。洞口附近的沙滩表面遗留大量的挖食痕、爬行痕和沙丸(照片3)。潜穴直径为5～20mm,最大可达30mm,深度最大可达40cm,多以倾斜型为主。潜穴密度为10～50 个/m²。

爬行迹有逃逸迹、觅食迹、停歇迹。逃逸迹一般为直线爬行痕迹,觅食迹多为不规则的曲线、折线痕迹,停歇迹往往在一处的印迹面积比较大。三角洲前缘主要有底栖生物的逃逸迹和觅食迹;三角洲平原上主要有捣米蟹的觅食迹和鸟类足迹。

在海滩表面分布有生物的排泄物或潜穴挖出来的具各种形状的残留物,有些呈线状堆集分布(照片5)、有些零星分布、有些呈团粒状沿层面密集分布(照片3)。

由于水深不同、环境不同,遗迹化石的特征不同,根据生物遗迹化石的特征可以恢复古沉积环境。一般情况下,在三角洲平原和潮上带,生物潜穴直径大、深度大,以倾斜型为主;潮间带以中、小型潜穴为主,潜穴深度小、穴壁粗糙,有倾斜的也有垂直的;潮下带以倾斜型、"S"形为主,穴壁光滑并有修饰。

三、沿岸沙坝

沿岸沙坝分布在三角洲前缘的两侧,海水退至最低潮时露出水面。沉积物为细砂、粉砂,其中细砂占68%,粉砂占32%。矿物成分主要为石英,含量为71%,正长石和斜长石含量为24%,黑云母含量为3%,其他暗色矿物含量为2%。沙坝呈平行海岸线的透镜状,坝长5~15m,坝宽3~5m,坝高0.2~0.4m,向海一侧的坡角为2°~3°,背海一侧的坡角为3°~5°。坝顶岩性粗,泥质含量低,分选好,坝顶可见潮汐形成的冲蚀沟,冲蚀沟宽度为4cm,深度小于1cm,方向为103°,平行于潮流方向;坝间谷地碎屑物粒度细,黑云母、泥质含量增加,分选相对差,发育各种类型的波痕。

首先介绍一下波痕的定义,波痕是在风、水流等动力作用下,在沉积物表面形成的波状起伏的痕迹[6]。

波痕的描述主要包括波痕的形态和波痕要素(图3-3)。波痕要素包括波长(L)、波高(H)、波痕指数(L/H)、波痕不对称度(l_1/l_2,l_1为迎水面半波长,l_2为背水面半波长)。

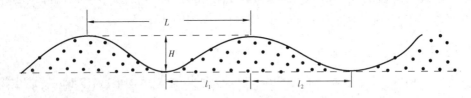

图3-3 波浪要素测量示意图

波长是指相邻两个波脊之间的水平距离。

波高是指波谷最低点到波脊最高点的垂直高差。

波痕的规模和形态特征受水流大小、流态、地形和坡降等因素影响。

该区大部分为不对称波(照片4),波长一般为6.0cm左右,波高为0.3~0.5cm,波痕指数为20~12,波痕不对称度为3~5。

根据波峰与波谷的宽度比可以划分为宽波峰波(照片5)和窄波峰波(照片6)两类。宽波峰波的波峰宽度是波谷宽度的3倍以上(波峰的宽度是指波峰两侧相邻两个波脚点间的水平距离,波谷的宽度是指波谷两侧相邻的两个波脚点间的水平距离);窄波峰波的波峰宽度是波谷宽度的1/3~1/2。

宽波峰波痕一般发育在沙坝的迎水坡和沙坝顶,以细砂为主,波谷中分布大量生物介壳碎屑。能量越强波峰的宽度越大。

根据观察,窄波峰波一般发育在沙坝背海面的低洼处,由于受沙坝的阻挡,波浪的能量突然降低,沉积物以粉砂、泥质为主的细碎屑物。

根据波痕的对称度,可以将其划分为对称波痕、不对称波痕、圆顶波痕(照片7)、双峰波痕(照片8)。

根据波脊形态(图3-4),可将波痕划分为直线形波、曲线形波、错列形波、伴生波、分枝形波、交叉波、舌形波、新月形波等类型。

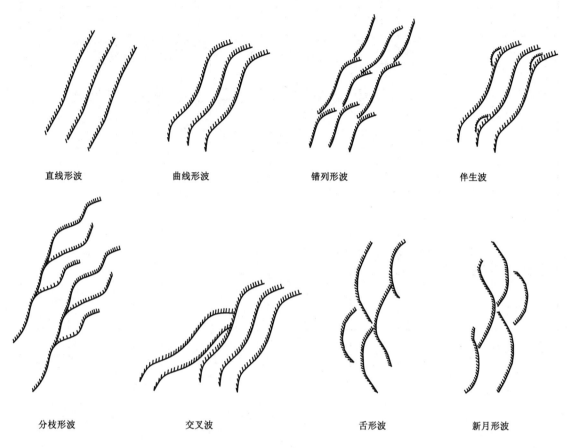

直线形波　　　　　曲线形波　　　　　错列形波　　　　　伴生波

分枝形波　　　　　交叉波　　　　　舌形波　　　　　新月形波

图3-4　波痕分类示意图

直线形波一般发育在地势平坦、地貌上开阔、波浪平稳的海滩。曲线形波一般发育在地势上有起伏的海滩,由于海底的摩擦阻力,使平行向前推进的波浪呈曲线状向前推进,在海底表面形成曲线状波痕,如果海滩的起伏幅度更大时,容易形成错列形波。交叉波、分枝形波一般发育在海湾地貌地区,波浪在向前推进的过程中,一侧触及到岸,改变波浪的方向,与向前推进的波浪斜交,就形成了分枝形波、交叉波。伴生波一般形成在沙供应比较充分的地区,当波痕的峰高生长到比较高时,增大了波的阻力,后期波浪把波高比较大的波峰消掉,在前端形成一个长度10~20cm的一段波痕,与主波之间关系密切。舌形波、新月形波一般与沉积物的不均匀有关,不同的碎屑颗粒向前推进的速度不同,能量较大时一般形成舌形波,能量小时形成新月形波。

四、生物遗迹

生物遗迹是生物生命活动周期内因居住、觅食和运动等功能行为在沉积岩表面或内部留下的具有一定形态特征的痕迹[6]。因为不同的物种有不同生活空间和环境,包括水深、盐度、温度和气候等,因此它们可以作为判断沉积环境的一个重要标志(表3-2)。在地质时期的沉积岩中常见的遗迹化石有生物潜穴、排泄物、觅食迹、爬行迹、停歇迹、逃逸迹、足迹以及植物根痕等。

表 3 - 2　遗迹化石在主要沉积环境中的分布状况

类型	深涨—半深海		滨浅海				三角洲			陆上环境
	深海	半深海	浅海	临滨	前滨	后滨	前三角洲	前缘	平原	泛滥盆地、河漫滩等
遗迹化石丰富程度										
潜穴		大型，浅潜穴	中、大型，浅潜穴为主，穴壁修饰，多为S型、倾斜型	中、大型，中、浅潜穴，倾斜型、S型，穴壁修饰，数量较多	中、小型，中、浅潜穴，穴壁粗糙、竖直穴、倾斜穴	大、中型，中、深潜穴，穴壁光滑	大、小型，中、浅潜穴，穴壁粗糙	大、小型，中、浅潜穴，穴壁粗糙	大、中型，中、深潜穴为主，穴壁光滑，多为倾斜穴	大、中型，深潜穴为主，口小穴大，或为多分枝穴
觅食迹、爬行迹、停歇迹										
排泄物										
鸟类足迹										
哺乳动物足迹										
植物根痕					灌木根痕	草本植物、灌木根痕			草本植物根痕	灌木、草本植物、乔木根痕

（一）生物潜穴

动物在尚未固结、半固结的沉积物内部因居住、觅食、躲避天敌而钻的孔穴叫生物潜穴，也常常称作虫孔。潜穴大小不一，形态各异，按照孔径大小可划分为大型（直径大于10mm）、中型（直径3～10mm）、小型（直径小于3mm），按照潜穴深度可划分为浅潜穴（深度小于5cm）、中深潜穴（深度5～15cm）、深潜穴（深度大于15cm），按照形态特征可划分为竖直型、倾斜型、S型、U型和水平型，按照潜穴的内壁光滑程度可划分为粗糙型、修饰型。按照潜穴的功能可划分为长期居住型、觅食型和临时躲避天敌型。

在陆地环境上，生物潜穴主要发育在河漫滩、泛滥盆地、沼泽和滨浅湖环境中。滨浅湖环境中的生物潜穴与滨浅海相似。河漫滩、泛滥盆地中的生物潜穴多以大、中型深潜穴为主，以口小穴大为特征，也有多分支穴。

三角洲环境中三角洲平原上以大、中型深潜穴为主，多为倾斜型；三角洲前缘和前三角洲以中、小型，中、浅潜穴为主，穴壁粗糙，多为倾斜穴和竖直穴。

滨海环境中后滨以大、中型，中、深潜穴为主，多为倾斜穴，穴壁光滑；前滨以中、小型，中、浅潜穴为主、穴壁粗糙，有竖直型穴和倾斜型穴；临滨以中、大型，中、浅潜穴为主，穴壁修饰，倾斜型多见。浅海以中、大型，浅潜穴为主，穴壁修饰，多为S型、倾斜型。

（二）排泄物

排泄物有两种类型，一种是生物进食消化后排出的粪便；另一种是生物从富含有机质的泥沙中过滤出食物，然后吐出泥沙颗粒。排泄物的形状有颗粒状、线条状，大小差异很大。

（三）觅食迹、爬行迹、停歇迹、逃逸迹、足迹

在河漫滩、泛滥盆地、冲积平原和滨海的后滨沉积物表面会有哺乳动物和鸟类的足迹。在三角洲平原、潮坪、前滨可见鸟类足迹以及觅食迹、爬行迹和逃逸迹等。在临滨、浅海环境可见觅食迹、停歇迹，在半深海可见觅食迹。

（四）植物根痕

植物被埋藏后，植物的根常常会被炭化或铁质化，保留了植物生长时根须的形态特征。炭化的植物根须常呈黑色，铁质化的根须常呈棕色、浅黄色。呈直立状、垂直层面产出的植物根痕属原地生长的，常把赋存有这类根茎的岩石称作"根土岩"❶，是判断沉积物是水上沉积还是水下沉积的重要证据。根痕比较发育的环境有冲积平原、沼泽、河漫滩、泛滥盆地、三角洲平原和潮上带。植物根痕分布最丰富的岩石主要为泥岩、泥质粉砂岩和碳质页岩。

三角洲平原、泛滥盆地以草本植物的根痕为主；河漫滩和冲积平原以草本植物和灌木根痕为主，偶见乔本植物根痕。后滨以草本植物和灌木植物根痕为主。前滨较少见植物根痕，偶有灌木根痕。

五、三角洲与油气聚集及聚煤作用

（一）三角洲与油气聚集

众所周知，形成油气田的必备条件是生油岩、储集层、盖层和圈闭，四者缺一不可。三角洲沉积体系中平原分流河道以及前缘水下分流河道、河口沙坝和席状砂分选好，物性好，垂向上相互叠置，累计厚度大。特别是平原分流河道、水下分流河道和河口沙坝单层厚度也比较大，是良好的储集体。三角洲前缘直接前积到半深海或半深湖、深湖区，与生油岩镶嵌状穿插接触，生油岩与储集层属同一地层，油气侧向同层运移，十分有利。受沉积基准面波动的影响，三角洲沉积体系也常常与深海或深湖泥岩互层，更有利油气的运移和保存。

一个三角洲的形成往往是构造、气候等背景条件综合作用的结果，一般要持续一定的时间，砂体分布面积大，纵向上累计厚度大。洪泛面、不整合面常常会成为区域上的盖层，分布面积大，封盖性好。由于三角洲部位与两侧的岩性差异大，容易形成大规模的差异压实背斜。因此三角洲是形成大油田的重要沉积体系之一。比如松辽盆地的"喇、萨、杏"油田、沙特阿拉伯Safaniya油田的白垩系地层、科威特巴尔干白垩系地层、委内瑞拉马拉开波盆地玻利瓦尔沿岸油田，这些特大型油田都是三角洲沉积体系。

（二）聚煤作用

三角洲平原上的分流河道间地势平坦，低洼，潜水面高，长期处于沼泽湿地环境，持续时间

---

❶ 陈钟惠.《含煤岩系沉积环境分析》讲义. 武汉：武汉地质学院，1984.

长,且淡水条件占优势,对植物的生长、泥炭的堆积十分有利。三角洲平原聚集的煤层厚度变化大,由陆向海方向煤层连续性变好,但由于分流河道的决口,在沼泽中形成决口扇,常常在煤层中夹碎屑岩,煤层多出现分叉现象。平原分流河道经常性地改道,冲蚀煤层,造成煤层在横向上不连续。三角洲平原环境形成的煤层中硫的含量与三角洲稳定程度有关[1],如果沉积基准面稳定,海平面稳定,三角洲平原很少被海水浸没,形成的煤多为低硫煤,如果沉积基准面不稳定,会经常性地发生海侵,所形成的煤多为高含硫煤。

第二节 新太古界花岗片麻岩岩石学特征以及裂缝发育特征

一、新太古界花岗片麻岩及伟晶岩岩石学特征

鸽子窝地区出露的岩石主要是新太古代侵入的花岗岩,地质时期遭受了强烈的变形变质改造,大部分转化为了片麻岩。岩石呈灰白色,风化后的表面呈灰色,主要矿物成分是石英、正长石和斜长石,肉眼观察其含量分别为30%、35%、25%,其他还有少量的黑云母、角闪石。中粗粒花岗结构,块状构造,弱片麻状构造。岩体被后期侵入的伟晶岩岩脉穿插、切割。

根据观察,新太古代花岗片麻岩中主要有两期的岩脉侵入,第一期为花岗伟晶岩岩脉,主要出露在鹰角亭。岩脉宽10m左右,长度大于100m,两端延伸至海底,走向为127°。具灰白色、浅灰黄色,油脂光泽,主要成分是石英,含量为55%左右,斜长石含量为30%,正长石含量为10%,表面呈半风化状态。见少量角闪石,有些已蚀变成绿泥石。伟晶结构,块状构造。岩脉中节理发育,主要有两组近直交的节理,一组走向为44°,倾向为134°,倾角为69°,密度为55条/m;另一组走向为141°,倾向为231°,倾角为62°,密度为10条/m。第二期侵入的岩脉为石英伟晶岩岩脉,分布在第一期伟晶岩近东西向节理中。

伟晶岩岩脉抗风化、剥蚀和冲蚀能力强,所以突出在鸽子窝的岬角处。

二、裂缝(节理)发育特征

(一)裂缝发育特征

这套花岗片麻岩地层经历了多期地质构造运动和风化作用,裂缝发育。

根据裂缝的成因、形态特征、产状和发育规模,可以将其划分为三种类型,即构造缝、风化缝和收缩缝。

构造缝受区域上的构造运动影响,延伸距离远,规模大,呈组出现,裂缝面一般比较平直。根据观察,主要发育两组构造裂缝,一组走向为326°,倾向为236°,倾角为85°;另一组走向为65°,倾向为155°,倾角为70°。另外还发育一些规模小、裂缝宽度窄,受上述两组裂缝限制的次一级裂缝。

风化缝多分布在出露的岩石上部,无规律,存在随机性,延伸距离短,多个方向的裂缝相互穿插。风化缝由上至下密度降低,上部裂缝的密度为35条/m²(远距离观察,规模比较大的宏

---

❶ 陈钟惠.《含煤岩系沉积环境分析》讲义.武汉:武汉地质学院,1984.

观裂缝），下部裂缝的密度为 15 条/m²。

收缩缝是岩浆侵入后冷凝过程中，不均匀收缩形成的裂缝。收缩缝常常被后期活动的岩浆侵入或矿物充填。

（二）裂缝及其研究意义

裂缝是岩石中没有发生显著位移的破裂。裂缝一般按照几何关系和力学成因两方面分类[7]。按照几何关系分类主要是考虑裂缝与所在岩层和其他构造的几何关系；力学成因分类主要是从裂缝形成时的力学性质进行分类。

裂缝和节理没有本质的区别，当裂缝规模比较小，发育规整时，常被称为节理；当节理的规模比较大、发育不规整时常被称为裂缝。

根据裂缝与岩层、构造、断层在空间方位上的关系，可将裂缝划分为走向裂缝、倾向裂缝、斜向裂缝、顺层裂缝。走向裂缝是指其与所在岩层的走向一致；倾向裂缝是指其与所在岩层的走向大体垂直；斜向裂缝是指其与所在岩层的走向有一定的夹角；顺层裂缝是指其大致平行于岩层层面[7]。

裂缝都是在一定应力作用下产生的，按照应力的性质将裂缝可划分为剪裂缝、张裂缝和张剪性裂缝。剪裂缝是在剪应力作用下所形成，裂缝面一般比较光滑，常会切穿砾石等碎屑颗粒，裂缝面平直、裂缝宽度小、延伸远，常常是两组呈"X"形交叉的剪裂缝共同产出。张裂缝是在张应力作用下产生，裂缝面粗糙、不平直、延伸距离短，裂缝的宽度不稳定，变化大，一般是中部宽、两端窄，呈透镜状，张裂缝常常出现在褶曲构造的枢纽部位。另外还有一些裂缝表现为张剪性的特点，形成时受到剪应力作用的同时，也存在一定的张应力分量，张剪性裂缝的面一般比较平直，延伸远，多表现为一端的缝宽度大，一端的缝宽度小，直至尖灭。

裂缝往往是矿液的通道和沉淀的场所，一些矿脉的形状和分布与裂缝的性质和产状有密切的关系。对于致密岩石，孔隙度和渗透率低，裂缝往往是油气储集的重要空间和渗流通道。

第三节　海蚀作用与海岸地貌

秦皇岛地区有两种海岸地貌，一种是向海突出的岬角，比如北戴河鸽子窝、小东山、金山嘴、山海关老龙头、秦皇岛码头。另一种是向陆地方向凹进的海湾，比如南戴河海滩、山东堡海滩、乐岛海滩等。

海岸地貌和水深环境影响波浪的能量强度。一般情况下，海湾地貌的地势比较平坦、海水浅、波浪和潮汐的能量弱，通过改造、搬运、再分配和波选河流输入的碎屑物，形成宽阔的沙质海滩，这也造就了秦皇岛适合避暑、休闲、游泳的黄金海岸。向海突出的海岸形成岬角，这里水深、坡度大，波浪和潮汐的能量容易聚集，形成拍岸浪，冲刷侵蚀海岸。岬角地带一般都是抗剥蚀、冲蚀能力比较强的岩石。波浪从远洋至近岸，由对称波、低波峰、不连续波，逐渐过渡为不对称的连续波，波长逐渐减小，波峰逐渐升高，最后撞击到海岸，形成拍岸浪，拍岸浪能量巨大，并瞬间消失在被撞击的岩石上，使岩石破碎。海浪的冲蚀作用主要是通过水流的撞击和磨蚀，使岩石破碎、松动，再经过水流的冲洗和淘蚀，将岩石从基岩上剥离下来。经过海水长期的冲刷，岩石由大块变为小块，由棱角状变为次棱角状、次圆状。

鸽子窝下面海滩上的砾石大部分都是从海岸上冲蚀下来的，也有上部风化自然垮塌脱落下来的。砾石直径最大100cm，一般10~30cm，大小混杂，多呈棱角状、次棱角状。砾石主要为花岗片麻岩和伟晶岩。随着砾石与海岸距离的增加，磨圆度增加，粒度越小磨圆程度越高。砾石上面附着大量海洋生物。

基岩海岸常见的海岸地貌和海蚀现象有海蚀凹槽、海蚀崖、海蚀柱、海蚀缝、海蚀沟、海蚀洞、海蚀穹和海蚀残丘等。鸽子窝的海岸地貌有海蚀崖、海蚀柱、海蚀凹槽、海蚀缝、海蚀残丘、蜂窝状海蚀岩石和波切台等。

海蚀凹槽：基岩海岸不断受到波浪、潮汐的撞击、冲蚀，在高潮线附近形成近水平方向延伸的凹槽，随着时间的推移，凹槽不断加深、扩大，就形成了海蚀凹槽。鹰角亭海蚀柱的岩壁上发育了三个期次近水平延伸的海蚀凹槽，最早一期的海蚀凹槽距现在海平面的高度6m左右，凹槽横向延伸长2~5m，槽高35cm，槽深30~50cm；第二期距现在海平面的高度1.5m左右，凹槽横向延伸长8m左右，槽高30~40cm，槽深30cm；第三期为现在正在冲蚀的凹槽，在平均高潮线附近，凹槽深20cm，槽高20cm。

海蚀崖：在鹰角亭的东北侧形成了一个高差15m左右的近直立的悬崖峭壁，这就是海蚀崖。当地壳和海平面稳定时，海蚀凹槽不断加深、扩大，上部岩石受重力的影响随之垮塌，就形成了海蚀崖。

海蚀柱：鸽子窝的海面上矗立着一个规模较大的海蚀柱，海蚀柱的顶端与鸽子窝的平台高度基本一致，这说明海蚀柱原来与鸽子窝是一个相连的整体，在海浪和潮汐的冲刷作用下，沿裂缝等薄弱部位冲刷、切割，与基岩分离，形成现在的地貌特征。海蚀柱的水平截面大致上呈矩形，面积为5m×8m，高13m左右，裂缝发育。上部受风和雨水的侵蚀、改造，裂缝中破碎的碎屑物被带走，岩石的裂缝不断加宽，顶部岩石摇摇欲坠。

海蚀缝：海水沿岩石的裂缝冲刷、侵蚀，宽度不断扩大，深度不断加深，形成一定规模的裂缝，称为海蚀缝。发育在海蚀柱上的海蚀缝具有下宽上窄的特点，缝的两壁整齐、光滑。下部宽0.5m，上部宽0.1m，高10m左右，深4~5m，走向60°，倾向150°，倾角大于80°。

海蚀洞：直径为0.2~1.0m，深度为0.5~1.0m，为海水沿比较脆弱的岩石部位不断淘洗而形成的洞。

海蚀残丘：在海浪的作用下，海岸不断被侵蚀、崩塌、后退，形成一个向海倾斜的滨海海底平台，由于其上坚硬的岩石抗冲蚀能量强，未被吞噬干净，成为突出在海平之上的岩石，称为海蚀残丘。鸽子窝沿岸零星分布了几个海蚀残丘，其中一个比较大的残丘距高潮线2m左右，面积为3m×5m。为灰白色花岗伟晶岩，晶体颗粒直径5~20mm，石英含量为40%，斜长石含量为40%，正长石含量为10%。发育三组节理，第一组走向为120°，倾向为210°，倾角近90°，共15条/5m；第二组走向为40°，倾向为130°，倾角为75°，共12条/5m；第三组走向为175°，倾向为265°，倾角近90°，共3条/3m。

蜂窝状海蚀岩：由于海水的浸泡、冲刷，岩石中的一些矿物被溶解、剥离，岩石变得更加疏松，岩石表面呈蜂窝状，称为蜂窝状海蚀岩。特别是地层抬升之后，又经过风化作用，蜂窝状现象更加严重。

波切台：当地壳和海平面稳定时，海水不断侵蚀、冲刷，岩壁垮塌，节节后退，会在海平面附近形成一个比较宽阔的平台，称为波切台[3]。一些专家认为鹰角亭所处的平台就是古波切台❶。

---

❶ 中国地质大学(北京).《北戴河地质认识实习指导书》讲义.北京:中国地质大学(北京),2001.

思 考 题

(1)试阐述三角洲在油气集聚中的重要作用。

(2)试阐述三角洲形成的机制、相带划分以及各相带的特征。

(3)试阐述生物化石以及生物遗迹化石在恢复古环境中的作用。

(4)如何通过古老岩石上留下的构造形迹分析受力机制和构造运动的期次？

(5)简述岩脉的成因以及特点。

第四章　山东堡—燕山大学现代滨海沉积作用及风化作用

实习路线:山东堡海滩—燕山大学西校区。
构造位置:柳江盆地外围,燕山隆起与渤海湾凹陷过渡带上。
考察内容:(1)观察现代砂质海岸地貌特征;
　　　　　(2)观察、描述现代滨海沉积作用;
　　　　　(3)观察、描述第四纪风化壳。

第一节　现代滨海沉积特征观察

一、滨海环境地貌单元划分

滨海(无障壁海岸)位于与海洋连通性好的海岸地带,它与广阔陆棚之间没有被障壁岛、生物礁所隔开,水流循环好、水体浅。滨海海岸可划分为陆源砂泥沉积为主和碳酸盐岩沉积为主的两种类型,前者为浑水海岸,后者为清水海岸[8]。

以陆源碎屑沉积为主的滨海地带可以按照碎屑物的类型划分为砾质海岸、砂质海岸和泥质海岸。

砂质滨海环境可划分为4个地貌单元[8](图4-1),即滨岸风成沙丘、后滨、前滨和临滨。

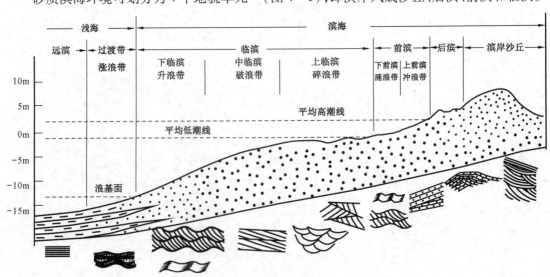

图4-1　砂质海岸滨海地貌单元划分示意图

（一）滨岸风成沙丘

滨岸风成沙丘是位于最大潮的高潮线以上，长期暴露，经风改造而成的低沙丘堆积。这种沙丘一般沉积细砂、中砂，分选好，磨圆度高。其砂质纯净，泥质含量很少，矿物成分主要以石英为主。在低洼处会因暴雨形成积水，沉积一些厚度比较薄的细碎屑沉积物和泥质，但一般厚度很薄，面积很小。滨岸风成沙丘具大型的沙丘交错层理，纹层倾角较陡，纹层组厚度比较大，可达数十厘米。其颗粒表面常呈毛玻璃状，见碟形坑。其矿物成熟度和结构成熟度均比较高。有时可见植物根化石。

（二）后滨

后滨位于平均高潮线和特大风暴潮或异常高潮线之间。地势平坦，平时暴露在水面以上，只有特大风暴期间才会受到波浪的作用。后滨通常发育海滩脊，是风暴潮和特大潮期间波浪堆积起来的不连续线状沙丘。后滨主要由砾、砂和介壳碎屑等粗粒物质堆积组成。海脊滩可以是单独存在，也会呈一系列沿海岸线分布的沙脊群出现[8]。海滩脊的高度一般不会很高，呈低丘状，宽度一般几米，长度几米到数百米甚至数公里，经常是不连续的。其底部常常与下伏沉积物呈冲刷接触，内部具有比较复杂的海脊交错层理。

后滨平时被风改造，会在沙滩表面沉积细砂、粉砂，表面形成沙波纹，内部会形成风成波纹构造。

（三）前滨

前滨位于平均高潮线与平均低潮线之间，是滨海环境的主要部分之一。前滨的地势通常比较平坦，向海倾斜，一般是上部较陡，下部比较平缓，在低潮线附近有一个比较平缓的低潮阶地（图4-1）。根据坡降可将前滨划分为上前滨和下前滨。上前滨坡度一般大于5°，其沉积物主要是中、粗粒的石英砂，由于受波浪的反复冲洗，砂质纯净，泥质含量很低，分选好，磨圆度高。沉积物有来自临滨的，也有来自后滨的碎屑物。每次向岸的冲流都会沉积一层薄薄的席状砂，加积在向海倾斜的前滨地带，从而形成了前滨特有的冲洗交错层理。下前滨坡度一般小于3°，沉积物以细砂和中砂为主，发育浪成波痕和波状交错层理，该处的波痕规模小，不对称。

（四）临滨

临滨位于平均低潮线以下至浪基面，长期在水面以下。有些专家将临滨带划分为上临滨、中临滨和下临滨三个亚带[8]。

上临滨与前滨紧密相连，位于碎浪带，属高能带。沉积物为细砂、中砂、粗砂，以纯净的石英砂为主。上临滨与前滨之间有一过渡带，坡降降较缓，常常会发育一些沿岸沙坝。沿岸沙坝平行于海岸线分布，呈不对称状，面海一侧较缓，背海一侧较陡，或呈新月形，凹面向海，凸面一侧面陆，发育浪成波痕和波状交错层理。上临滨外侧也是滨海突然变陡的位置，波浪能量比较强，发育不规则的槽状交错层理、楔状交错层理。上临滨生物潜穴发育，以大中型潜穴为主。

中临滨位于海滩突然变陡的向陆一侧，即水深变浅的破浪带内，为高能带。平行岸线常发育一个或多个沿岸沙坝和洼槽。沙坝的数量与坡降有关，坡降越大沙坝数量越少，坡降越小，沙坝数量越多。沉积物主要以中、细粒的纯净石英砂为主，并夹有少量的粉砂和介壳层，总体情况是离岸越远粒度越细。在该带波浪能量比较强,但回流能量弱,发育板状交错层理。中临滨有生物潜穴和生物扰动构造。

下临滨的上界在破浪带以下,下界是浪基面,与陆棚浅海相邻。该带的沉积物主要以粉砂、细砂为主,自生矿物海绿石等含量比较高。下临滨发育宽缓的、低幅度的浪成波痕以及波状交错层理、波纹层理、脉状层理。同下前滨的波痕相比,该处的波痕规模大,近于对称。底栖生物大量活动,含有正常海的底栖生物化石,生物扰动构造发育,发育倾斜的、"S"形的穴壁精致修饰的生物潜穴。

二、山东堡现代滨海沉积

山东堡海滩宽阔、平坦、沙质细腻、纯净、波浪平稳,是天然的优质浴场(照片9)。虽然海滩受人工改造和工程施工等因素的影响比较严重,但滨海沉积的一些现象和特征仍然比较明显(图4-2)。可以完整地看到滨岸风成沙丘、后滨,退潮后也可以看到完整的前滨。

环境	前滨		后滨	滨岸见成沙丘
	下前滨	上前滨		
宽度	3～10m	8～13m	10～15m	5～10m
地貌特征	平坦 <3°	坡度大 5°～10°	平坦 3°～5°	变化大 10°～45°
水动力方式	碎浪	冲浪	风暴浪与风移	风移
能量	较高	高	较低	中等
沉积作用	加积	退积或进积	加积	加积
沉积物	中砂、细砂、生物碎屑	粗砂、中砂,砾、生物碎屑	细砂、中砂,砾、生物碎屑	细砂、中砂
沙床特征	浪成不对称波痕	表面光滑	风成沙波纹,海滩脊	新月形沙波纹
沉积构造	波痕交错层理	冲洗交错层理	复杂的交错层理	风成沙丘交错层理

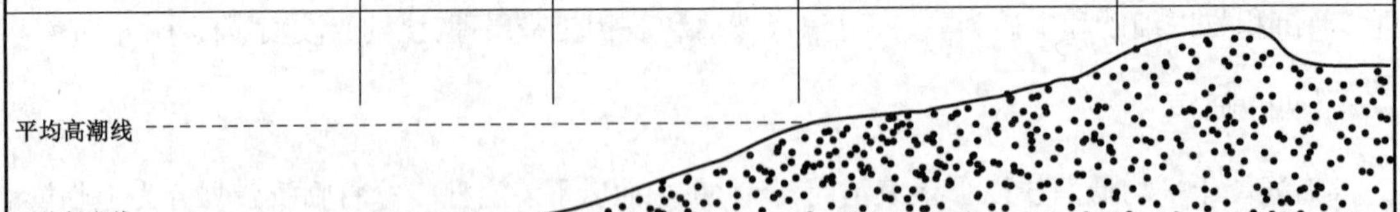

图4-2 秦皇岛山东堡海滩环境相带分布

(一)滨岸风成沙丘

滨岸风成沙丘一般高出沙滩1.5～2.5m,宽5～10m。由于长期裸露,其表面大部分已被植被覆盖,但在沙丘边缘仍能看到风作用的痕迹。该带主要沉积细砂、中砂,见粗砂和介壳等海洋生物碎屑。风成沙丘的表面分布一系列新月形沙波纹(照片10),波纹高度0.5～0.8cm,

波长 15 ~ 30cm,横向长度 10 ~ 20cm,横向上孤立分布或与相邻的新月形波纹相连。迎风坡缓,宽 10 ~ 28cm,坡度为 3°左右;背风坡陡,宽 1 ~ 2cm,坡度为 10 ~ 40°。迎风坡风速大,粒度粗,以粗砂、中砂为主,背风坡和波谷风速小,以细砂为主。风成沙丘中粉砂含量比较少,因为海滩上的风力比较大,粉砂往往被吹到了海里面或陆地上。根据观察,当风速比较大时,细小颗粒呈悬浮状迁移,颗粒越细小,悬浮迁移的距离越远。较大的颗粒一般以跳跃式随风迁移,粗颗粒以滚动形式沿沙丘表面迁移,迎风坡风速大,颗粒沿迎风坡向上滚动,当波峰比较陡时,失去稳定性,向背风坡滑塌,沙波纹不断迁移,在内部形成风成交错层理。

(二)后滨

后滨地势平坦,宽 10 ~ 15m,主要由砂、砾和介壳碎屑等物质堆积组成,但以细砂和中砂为主。后滨长期暴露在海面以上,受风的改造,只有特大潮时部分被海水淹没,形成海滩脊堆积。后滨内部会形成复杂的交错层理,但以风成交错层理为主。沙滩表面呈新月形沙波纹,波长一般 14 ~ 20cm,波高 4cm 左右,迎风坡颗粒细,为细砂,背风坡颗粒粗,为中砂。磨圆度为次圆—次棱角状、分选中等。石英含量 69%,正长石含量 13%,斜长石含量 9%,暗色矿物含量 6%,含少量贝壳碎片。颗粒以跳跃迁移为主,也有悬浮迁移,少量为滚动移动。

后滨的外沿,即与前滨交界处分布有与岸线平行的海滩脊。海滩脊宽 30cm 左右,主要由砾、粗砂和海洋生物碎屑构成,石英含量 50%,正长石含量为 28%,斜长石含量 9%,贝壳碎片含量 7%,岩屑含量 6%,颗粒成次棱角和次圆状,分选差。

(三)前滨

前滨宽 10 ~ 20m,坡度为 2° ~ 10°。上前滨和下前滨坡降不同,水流机制不同,沉积方式不同。

上前滨的坡度为 5° ~ 10°,宽 8 ~ 13m。其沉积物主要为细砂、中砂、粗砂,见砾;矿物成分中石英含量为 88%,长石含量为 5%,黑云母和白云母含量为 3%,其他暗色矿物含量为 4%,几乎不含泥质。颗粒磨圆度为次圆到圆状,分选好。海水以冲浪的形式向陆地方向上冲流,流速 0.613m/s,随着坡度的增加,流速降低,将粒度大于 2mm 的砾推到波浪每次能够达到的最高边界。波浪的回流速度为 0.460m/s,回流时将沙滩表面部分细碎屑颗粒重新向海方向带回,但是最粗的颗粒一般留在波浪能达到的最远边界。由于海水的反复淘洗,颗粒的磨圆度不断提高,泥质随海水被带到远洋,泥质含量逐渐降低,前滨沙滩变得极为纯净,分选好。上前滨坡度比较大,波浪呈冲流的形式流动,沉积表面比较光滑,并没有留下典型的沉积构造,偶见回流的细小冲沟。

在前滨开挖观察槽,可以观察到上前滨内部的沉积构造、粒序和颜色的变化特征(照片 11)。观察槽是顺斜坡方向开挖,长 1m,宽 0.5m,深 0.5m。沉积物的颜色由深浅反复交替,是不同季节沉积的结果,可能的情况是冬季沉积物颜色浅,夏季沉积物颜色深。粒序上是由粗细韵律反复交替,是大潮和小潮交替的结果,大潮将粗粒带到更加靠陆地一侧,前滨处沉积物较细,小潮使前滨处沉积物较粗。沉积构造为冲洗交错层理(图 4-3),纹层厚度 3 ~ 10cm,纹层倾角 5° ~ 15°。

下前滨宽 3 ~ 10m,坡度一般小于 3°。属于前滨与上临滨之间的过渡带,靠近低潮线附

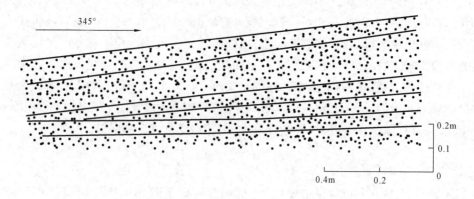

图4-3 现代海滩内部冲洗交错层理示意图

近,地势平坦,以细沙、中沙沉积为主,发育不对称的浪成波痕,波长10~20cm。波峰处为中砂,波谷处为细砂。

上前滨水动力较强,生物化石较少,见比较多的生物介壳碎屑,发育的生物潜穴较浅,穴壁粗糙,有倾斜的,也有竖直的,潜穴直径为3~5mm,深5~10cm,密度为15个/m³。下前滨有较多的生物潜穴,潜穴直径为3~7mm,深5~15cm,以倾斜的为主,密度为71个/m³。

三、滨海沉积与油气聚集

无障壁砂质海岸往往会形成矿物成熟度高、粒度粗、磨圆度高、分选好、泥质含量低、厚度大、面积分布广的滨海砂岩沉积,是极其有利的储集体。随着沉积基准面频繁的升降,在空间上滨海砂岩会与半深海泥岩穿插接触,深海、半深海烃原岩生成的油气很容易运移到滨海砂岩中。海侵泥岩、不整合面会成为区域上的盖层。在后期构造运动作用下,常常形成断层圈闭、背斜圈闭、地层不整合和地层超覆圈闭,为油气藏的形成创造条件。

塔里木盆地东河1油田石炭系东河砂岩属典型的滨海沉积砂岩[9]。该油田位于塔北隆起中段东河塘断裂背斜构造带上。其沉积厚度平均为250m,以细砂岩为主,石英平均含量为76%,长石平均含量为2.25%,岩屑平均含量为21.75%,泥质含量为5%,灰质含量为6.5%。储层孔隙度为10%~20%,渗透率为$(50~200)\times10^{-3}\mu m^2$,为中孔中渗储层,块状底水油藏,地质储量为$2556.6\times10^4 t$。

第二节 第四纪风化壳观察

风化作用是指在地表环境,在气温变化、气体、水和水溶液的作用以及生物活动等因素影响下,岩石在原地遭受破坏的过程。风化作用引起矿物、岩石在物理状态或化学组分上发生变化,表现为崩塌、分解,甚至形成新矿物,组成与原来岩石有着差异的新物质组合❶。

按照风化作用的方式可将风化作用划分为三种类型:物理风化作用,是气温等自然因素的变化使岩石发生崩解的作用;化学风化作用,是在水、水溶液以及各种气体的作用下,矿物和岩

---

❶ 徐成彦,赵不亿.《普通地质学》讲义.武汉:武汉地质学院,1983.

石的化学性质发生变化的作用;生物风化作用,是由生物的生命活动导致的岩石和矿物的机械和化学的破坏作用。岩石通常不会单纯遭受一种风化作用的影响,多数情况下岩石的风化是在几种风化作用相互促进下进行的,要严格区分它们的界限是困难的。但在不同的岩性、气候和地形条件下,它们在风化作用的速度和强度上是有差别的[●]。

秦皇岛地区渤海湾沿线的基底基本上是以新太古界花岗片麻岩为主,表层的土壤层是风化层、冲积层和河流淤积层。在西外环燕山大学立交桥附近西侧的陡坎上可以观察到风化壳比较完整的结构。

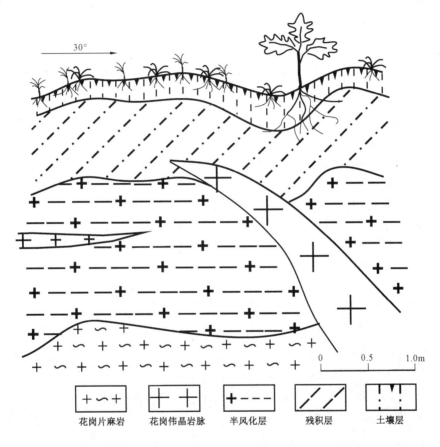

图4-4　花岗片麻岩基底风化壳特征[据中国地质大学(北京),2001,有修改]

风化壳自上而下划分为四层(图4-4):

土壤层:属于风化壳的表层,厚0.3~0.5m,呈土黄色、暗灰色、灰褐色,主要由风化后的黏土和腐殖质组成。其堆积松散,植物根系发达,用手捻基本上可以成为粉末状。底界面的深度受地表的起伏、裂缝和植物根系等因素影响。

残积层:位于土壤层之下,厚0.3~0.4m,呈红色、红褐色,主要由风化后的黏土和残留的石英颗粒组成。其结构比较疏松,用手捻后能感受到最后会留下一些石英颗粒,颗粒直径为0.5~2.0mm,呈棱角状、次棱角状。植物的根系能够深入到该层段。底界面高低起伏,主要受岩石的性质、裂缝发育程度和地表植物根系等因素的影响。

● 徐成彦,赵不亿.《普通地质学》讲义.武汉:武汉地质学院,1983.

半风化层:位于基岩的上部,厚1.0~1.5m,呈黄褐色、灰黄色,主要由正长石、斜长石风化后的高岭土、残留的正长石、斜长石、黑云母和石英颗粒组成。保留了花岗片麻岩的结构和构造特征,但结构疏松,敲击易碎。随着深度的增加,其风化程度减弱,逐渐过渡到花岗片麻岩。其内部残留一些耐风化的花岗伟晶岩岩脉条带,岩脉宽度为5m左右,走向70°,岩脉中石英含量为40%,斜长石含量为30%,正长石含量为20%。晶体颗粒直径为1~4cm。

基岩:通过挖槽,可以看到基岩,也可以到燕山大学西校区的塔山观察基岩。基岩为花岗片麻岩,片麻状构造,块状构造。石英含量为32%,斜长石含量为40%,正长石含量为15%,角闪石含量为8%,黑云母含量为5%。基岩被多条花岗伟晶岩、石英伟晶岩岩脉侵入、穿插。

第三节　古风化壳与潜山油气藏

在地质历史时期,地壳运动使某一个区域抬升而遭受风化剥蚀。坚硬致密的岩石抗风化能力强,在古地形上常常会成为比较大的凸起,而抗风化能力弱的岩层,则形成古地形中的凹地[10],古地形呈现明显的分割性。再次地壳运动,发生区域上的沉降,接受沉积,这样就在原来古地形的基础上,形成了一系列的潜伏剥蚀凸起(图4-5),称为"潜山"[10]。潜山部位由于遭受多种地质营力的长期风化剥蚀,常常会形成破碎带、风化缝、构造缝、溶蚀带和溶洞等,具备良好的储集空间。再次接受沉积后,如果在剥蚀凸起上覆盖了不渗透地层(古风化壳经过压实也会成为盖层),不整合面以下会形成古潜山圈闭。

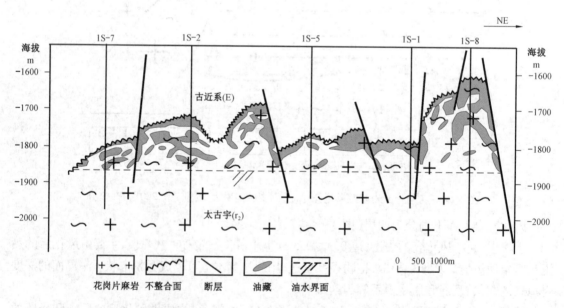

图4-5　锦州25-1南大型变质花岗岩潜山复合油气藏剖面图

古潜山油气藏的特点是:

(1)不受地层界限的限制,主要受次生孔隙和裂缝的影响。潜山一般都是比较坚硬、致密的岩层,经受风化剥蚀后,在凸起部位形成次生孔隙带,横向上穿过不同的地层单元。

(2)不受构造控制,主要受古地形的影响。潜山分布区域,一般是整体沉降区,常常是保留了原地貌中的特征,因此,油气聚集与古地形有比较高的契合度。

(3)具有统一的油水界面。在同一个不整合面控制下的潜山,一般有比较大的分布区域,具有统一的压力系统和统一的油水界面,这些界面穿越地层界限。

(4)油藏常呈不连续的"鸡窝状"分布,受岩石非均质性和风化作用不均衡性的影响,潜山不同部位的次生孔隙发育程度不同,物性好的部位有油气分布,致密处无油气进入。

秦皇岛沿海出露的新太古代花岗片麻岩是渤海湾盆地的基底,并在这套地层中发现了潜山油藏(图4-5)。2002年在辽东湾地区发现了储量超亿吨的锦州25—1南大型变质花岗岩潜山复合油气藏[11],油水界面在海拔-1880m,含油气高度达220m,试油日产油356.5m³,日产12938m³。含油气丰度主要受风化缝、构造缝、淋滤孔的控制,潜山顶部含油气丰度高,下部丰度低。这也是我国目前为止发现的储量最大、产量最高的以变质花岗岩为主的大型油气藏。

思 考 题

(1)滨海环境划分为几种类型,秦皇岛地区有几种类型?

(2)请简述海洋的地质作用。

(3)请简述波浪的运动规律。

(4)请简述研究风化壳的地质意义。

(5)请查阅资料,总结风化壳与成矿作用的关系。

第五章　上庄坨火山岩特征及现代曲流河的沉积作用

实习路线:上庄坨—大石河—傍水崖。

构造位置:柳江向斜核部。

考察内容:(1)详细观察中侏罗统髫髻山组火山岩岩石特征;

(2)根据岩石观察结果,划分火山岩相带;

(3)观察现代曲流河的形态特征,分析其沉积作用;

(4)观察河流的下切作用和河流阶地。

第一节　火山地质作用与火山岩相

一、火山岩分类及火山岩相

(一)火山岩的主要类型

常见的火山岩有金伯利岩、玄武岩、安山岩、流纹岩、粗面岩、响岩以及珍珠岩、火山玻璃等[12]。

玄武岩是基性火山熔岩的总称,根据化学成分和结构划分,常见的种属有拉斑玄武岩、高铝玄武岩、玻基玄武岩、粗玄武岩和细碧岩等。

安山岩是中性喷出岩的代表,根据斑晶的成分和结构划分,常见的种属有辉石安山岩、角闪安山岩、黑云母安山岩、斜长安山岩和玻基安山岩等。

流纹岩是酸性喷出岩的代表,根据矿物成分划分,常见的种属有碱性流纹岩、斜长流纹岩和流纹英安岩等。

火山岩的结构类型主要有斑状结构、隐晶质结构和玻璃质结构等。

火山岩的构造类型主要有气孔构造、杏仁构造、枕状构造、流纹构造、柱状节理构造和块状构造等。

(二)火山岩相

火山岩通常可划分为6个相(图5-1),即爆发相、溢流相、侵出相、火山通道相、次火山相和火山沉积相[12]。爆发相、溢流相和侵出相也常归为喷出相。

爆发相:形成于火山作用的不同阶段,但以早期和高潮期最发育。有的与其他层状岩石共生,成层状产出;有的以火山碎屑物为主,在火山口附近形成碎屑堆积。有的为空中坠落堆积的正常火山碎屑岩;有的为火山碎屑流堆积的熔结火山碎屑岩,有的为火山撕裂溅落的熔结角

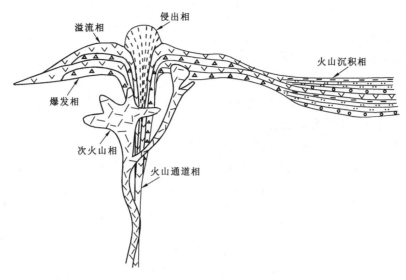

图 5-1　理想的火山岩相示意图

砾岩、集块岩。中酸性、碱性岩浆更容易形成爆发相[12]。

溢流相:成分从超基性到酸性皆有,但以基性最发育,形成于火山喷发的各个时期,但以强烈爆发之后形成的规模最大。有时形成面状泛流的岩被,有时为呈线状的岩流。有的火山以熔岩喷出为主,形成盾状火山;有的熔岩与其他层状岩石共生,呈层状产出。在基性熔岩中,顶部常见红色厚层的气孔密集带,中部多为黑色致密熔岩,底部为灰红色薄层气孔带;在碱性玄武岩中,具有重力分异现象,上部为歪长石、原生片麻岩,中部多为辉石,下部为钛铁矿、橄榄岩;酸性熔岩中,顶部常呈泡沫状含角砾,中部为致密熔岩,底部为流纹构造带[12]。

侵出相:实际上是火山颈相与黏度大的溢流相之间的过渡产物,堆积于火山颈之上,平面直径小,厚度大,常呈产状比较陡的岩穹,高度几十米到几千米。有的为一次侵出的简单岩穹,有的为多次侵出的复合岩穹,一般是在火山活动后期形成。有的为熔岩组成,有的淬火边缘由于挤裂与垮塌,自碎成粗的碎屑岩及被熔岩胶结成粗碎屑熔岩。侵出相常见扇形节理和流面构造,岩石成分以中酸性、碱性常见[12]。

火山通道相:又称火山颈相,残存的具充填物的火山通道,横切面多呈近圆形、产状陡立,有主颈,也有寄生颈。火山颈一般上部直径大,向深处缩小,上部喇叭状,中部筒状,下部墙状。其充填物多为熔岩、碎屑熔岩、熔结火山碎屑岩等。熔岩在火山颈中流动构造陡立,浅处有气孔平行接触带,有的发育柱状节理[12]。

次火山相:与火山岩同源,但为侵入产状的岩体,侵入深度一般小于 3.0km。次火山相一般以火山通道为中心,岩体小,产状简单,分布范围小。

火山沉积相:是火山作用叠加沉积作用的产物,以火山活动的间歇期比较发育。火山沉积相由喷出岩、沉积火山碎屑岩、火山碎屑沉积岩和沉积岩系组成,多在低洼的水盆堆积。有的火山沉积相有层理发育,有些火山沉积相层理不明显。

二、上庄坨火山岩特征

中侏罗世(J_2)(燕山运动Ⅰ幕),秦皇岛地区曾经发生了规模比较大的火山活动,上庄坨西小傍水崖地区靠近火山口,形成了以安山岩为主的火山熔岩,并夹杂有熔结集块岩、火山角砾岩和火山沉积岩。

(一)岩石类型

灰绿色安山岩:灰绿色,斑状结构,块状构造。斑晶含量低于15%,斑晶颗粒直径小于2mm,斑晶为辉石和角闪石,基质为隐晶质。

紫红色辉石安山岩:浅紫红色,斑状结构,块状构造;斑晶含量25%~40%,斑晶颗直径为1~2mm,斑晶为辉石,基质为隐晶质。

灰绿色角闪安山岩:灰绿色、风化后呈浅褐色,斑状结构,块状结构或流纹构造(照片12),见气孔和杏仁构造;斑晶含量为30%~45%,斑晶大小为3~20mm,斑晶主要为角闪石,颗粒粗大,晶形比较完整(照片13),另有少量的斜长石,基质为隐晶质。

紫红色角闪安山岩:紫红色,斑晶主要为角闪石,颗粒直径为2~4mm,基质为隐晶质,块状构造。

灰绿色斜长安山岩:灰色、灰绿色,斑状结构,斑晶为针状、长柱状斜长石,斑晶含量35%左右,斑晶颗粒直径为2~5mm;表面的斜长石风化后为呈白色的高岭土。

磁铁矿安山岩:在辉石安山岩中分布1个宽30cm左右,走向北东向的磁铁矿安山岩条带(照片14)。斑状结构,斑晶含量为35%左右,斑晶主要为磁铁矿、赤铁矿、辉石和斜长石。磁铁矿颗粒占斑晶比例的30%,颗粒直径为2~4mm,呈粒状,少数呈不完整的晶体状,铁黑色、半金属光泽、金属光泽,有磁性,粉末可以被磁铁吸附,颜色越深磁性越强。赤铁矿占斑晶比例的40%,颗粒直径为1.5~3mm,颗粒呈粉末状集合体或包裹在磁铁矿表面,呈红色、暗红色。分析认为该处的赤铁矿是磁铁矿被氧化后转换而成,主要证据是赤铁矿与磁铁矿共生,有些包裹在磁铁矿的外面。辉石占斑晶比例的10%左右,粒状,直径一般小于2mm。斜长石占斑晶比例的10%左右,灰白色,针状,长度一般小于1.5mm。其基质为隐晶质。

熔结集块岩:灰绿色,火山集块多呈椭球状、球状(照片15),直径一般为100~300mm,主要为辉石安山岩、斜长安山岩团块,集块内部为斑状结构,斑晶含量为20%~35%,斑晶颗粒直径为2~3mm,斑晶主要为辉石和斜长石。集块彼此相连,集块体内部结构致密,呈球状风化;集块体之间被熔岩充填,结构较疏松。

火山角砾岩:在大傍水崖附近出露有火山角砾岩,呈灰白、灰绿色。火山角砾直径为5~60mm,主要为角闪安山岩、斜长安山岩团块,形状不规则,但以椭圆形为主(照片16)。角砾含量45%左右,角砾间为安山质熔岩充填。火山角砾结构,斑杂构造,填隙物为玻屑。

含砾杂砂岩:灰黑色、杂色含砾粗砂岩,矿物成分主要为石英、长石、岩屑,其中石英含量为30%,长石含量为32%,岩屑含量为38%。砾石直径为3~5mm,杂基含量为20%左右,分选差,磨圆度为棱角到次棱角状;长石和岩屑风化严重,底面见冲刷构造。

粗粒杂砂岩:杂色、深灰色,杂基含量高,最高可达28%,主要为凝灰质;矿物成分中岩屑含量为35%,石英含量为35%,长石含量为30%;分选差,磨圆度为次棱角;底部见冲刷构造。

细粒杂砂岩:杂色,细粒岩屑质长石杂砂岩,杂基含量高。

泥质粉砂岩:深灰色,多与粉砂质泥岩互层,具水平层理,见植物化石碎片和直立的根茎化石。

碳质泥岩:深灰色、黑色,水平层理,纹理厚度为5~20mm。层面上见植物化石碎片。

煤线:黑色,鳞片状,污手,以半亮煤和半暗煤为主,表面风化后呈粉末状,厚度为8~15cm。

(二)火山岩地层剖面

自小傍水崖山脚向上依次出现如下岩石类型：

灰绿色辉石安山岩：视厚度为2m，灰绿色，斑状结构，块状构造。斑晶含量25%左右，斑晶颗粒直径为1~2mm，呈粒状，斑晶主要为辉石，另有少量的斜长石，基质为隐晶质。发育两组节理，一组走向45°，近直立，8条/m；另一组走向111°，倾向201°，倾角83°，3条/m。

灰绿色辉石安山岩：视厚度为7m，斑状结构，块状构造，见气孔构造。斑晶含量30%左右，斑晶颗粒直径为2~4mm，斑晶为辉石和斜长石，其中辉石含量占斑晶含量的68%，斜长石占斑晶含量的32%。基质为隐晶质。节理发育，节理走向50°，倾向320°，倾角85°。

含砾杂砂岩：视厚度为4.0m，杂色、灰黑色，砾石直径3~5mm。底部见冲刷构造。

细粒杂砂岩：视厚度为1.5m，杂色，水平纹理，纹理厚度5~10mm。

深灰色泥质粉砂岩与粉砂岩互层：视厚度为2.5m，粉砂质泥岩中碳质含量较高，见直立的植物根茎化石和沿层面分布植物化石碎片。

灰黑色粗粒杂砂岩：视厚度为8.0mm，杂基含量高，超过了25%，主要为凝灰质，与下部岩石为冲刷接触。

灰白色含砾杂砂岩：视厚度为1.0m，杂基含量高，分选差，磨圆度为次棱角状、棱角状，颗粒主要为岩屑。

碳质泥岩夹煤线：视厚度为1.5m，水平纹理，纹理厚度为3~5mm，见植物化石碎片。

杂色泥质粉砂岩：视厚度为0.5m。

灰绿色安山岩：视厚度为2.0m，斑状结构，斑晶数量较少，块状构造，节理发育，岩石比较破碎。

黑色碳质泥岩：视厚度为2.0m，夹砂岩透镜体。

杂色粗粒杂砂岩：视厚度为1.0m，杂基含量高，超过20%，主要以凝灰质为主，颗粒成分主要为石英、长石、岩屑，见白云母。

杂色细粒杂砂岩：视厚度为4.0m。

灰黑色杂砂岩互层：视厚度为9.0m，粗砂岩、中砂岩、细砂岩互层，总体上由下向上粒度由粗变细。

紫红色安山岩：视厚度为30m，斑状结构，斑晶颗粒细小，含量较少，块状构造，较破碎，风化严重。

熔结集块岩：视厚度为10m，灰绿色，集块结构，球状构造，集块直径为30~50cm，集块含量为60%。集块内部呈斑状结构，斑晶颗粒小，斑晶含量较少，集块为辉石安山岩。

灰绿色角闪安山岩、斜长安山岩互层：视厚度100m左右。一直到山顶，两种类型的岩石反复互层，斑状结构，斑晶颗粒粗大，晶形完整，基质为隐晶质，块状构造，在山顶见流纹构造和气孔构造。

(三)小傍水崖火山岩相

小傍水崖火山岩规模不是很大，但岩石类型丰富，岩相发育比较齐全。可划分出侵出相、爆发相、溢流相和火山沉积相(图5-2)。

侵出相：位于水傍崖主峰。根据对地貌和岩石特征的肉眼观察，小傍水崖的山峰呈穹丘

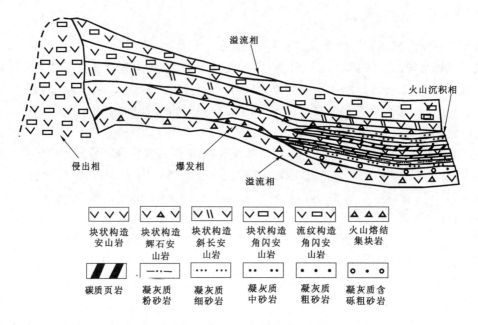

图 5-2　上庄坨火山岩岩相分布图

状,产状比较陡,以灰绿色角闪安山岩为主,具斑状结构、块状构造,可见纵向发育的节理。斑晶为角闪石和少量的斜长石,斑晶含量为 40% 左右,颗粒直径为 5~10mm,最大可达 20mm,颗粒大,晶形好,基质为隐晶质。侵出相的宽度为 50~100m。

爆发相:呈鸡窝状夹在溢流相中,主要为火山角砾岩和熔结集块岩。以辉石安山岩、斜长安山岩为主,斑晶含量 20%~35%,斑晶颗粒较小,一般直径为 2~3mm。该相具集块结构、角砾结构,斑杂构造。集块体内部结构致密,集块体之间为熔岩充填,结构较疏松。

溢流相:分布最广,从山顶一直延续到山脚下。岩性主要有角闪安山岩、辉石安山岩、斜长安山岩和安山岩等。该相以斑状结构为主,具块状构造、流纹构造和气孔构造,流纹构造和气孔构造主要发育在溢流相的顶部;块状构造多发育在下部。照片 17 所示为不同期次的溢流相之间的界限,不同时期的溢流相在矿物成分和结构上不完全相同。

火山沉积相:主要出露在从山脚向上走 15m 远的地方。该相位于溢流相边缘的外侧,并被溢流相穿插分割,总厚度 35m 左右。主要由杂色凝灰质含砾杂砂岩、粗粒杂砂岩、泥质粉砂岩、碳质泥岩和煤线构成。粒度整体上自下而上由粗变细,大致上由两个正旋回构成。砂砾岩分选差,岩屑含量高、杂基含量高,矿物成熟度低。

照片 18 所示为火山沉积相、溢流相、火山爆发相之间的接触关系。

第二节　火山岩与油气聚集

火山岩油气藏的勘探开发在国外已经开展多年,而且卓有成效。美国、前苏联和墨西哥等都有这类油气藏。随着勘探程度的加深,勘探领域的不断拓展,我国在火山岩油气藏方面也取得了比较大的进展,在一些油田还形成了一定的开发规模(表 5-1)。

表 5－1　我国部分火山岩油气藏统计数据表[10]

地区	岩石类型	地层	井深 m	单井产量 油,t/d;气,m³/d
黄骅凹陷南区风化店	安山岩	中生界	2971～3068	750（油）
准噶尔盆地西北缘	玄武岩、火山角砾岩、火山集块岩	石炭系	900～1000	53.2（油）
二连盆地马尼特坳陷东部阿北油田	安山岩	下白垩统	670～770	
四川盆地周公山	玄武岩	二叠系		25.61×10⁴（气）
松辽盆地徐家围子	玄武岩、安山岩等	白垩系		13.6841×10⁴（气）
廊固凹陷曹5井区	玄武岩、辉绿岩	古近系		18（油）
大港枣园、军马站	玄武岩	古近系		368（油）
渤中凹陷石白隆起	玄武岩、粗面岩	侏罗系	2844～3201	38～72（油）、106～74（气）
沾化凹陷邵家	玄武岩	古近系		159.2（油）
惠民凹陷商741、临邑等	玄武岩、辉绿岩、火山角砾岩	古近系		151（油）
沾化凹陷罗151区等	玄武岩、辉绿岩、煌斑岩	古近系		83（油）、0.445×10⁴（气）

火山岩储集层的储集空间包括孔隙和裂缝两种类型（表 5－2），根据成因可将其划分为原生孔隙和次生孔隙，原生孔隙包括气孔、爆裂缝、收缩缝和成岩缝，次生孔隙包括晶内溶孔、基质溶蚀孔、杏仁体内溶孔、构造缝、溶蚀缝和风化缝等。

表 5－2　火山岩储层孔隙类型

大类	亚类	成因类型	成因及特点
原生孔隙	孔	气孔	熔岩流冷凝过程中，未逸出的气体汇聚，存留于岩石中，形成气孔，多见于熔岩层的顶部。气孔有圆形、椭圆形、云朵形、管状、串珠状、不规则状等
	裂缝	爆裂缝	熔岩外部冷凝速度快，内部温度高，发生爆裂产生的裂缝。多呈不规则状，范围小，局部裂缝密度比较大，分布不均匀
		收缩缝	火山玻璃质因冷凝，结晶收缩产生的裂缝，多呈不规则的网格状
		成岩缝	熔岩在冷凝过程中不均匀收缩而形成，多见于火山颈相和侵出相中，常见柱状节理和放射状节理
次生孔隙	孔	晶内溶孔	在地下水的溶蚀、淋滤作用下，斑晶颗粒被溶蚀而形成的孔隙
		基质溶蚀孔	基质被溶蚀形成的孔隙
		杏仁体内溶孔	气孔被矿物充填后再部分被溶蚀形成的孔隙空间
	裂缝	构造缝	在构造运动过程中火山岩受到挤压、剪切、拉张等构造应力的作用形成的裂缝。构造缝规模大，多呈组出现
		溶蚀缝	地下水对原来的节理、爆裂缝、收缩缝进一步溶蚀、改造而形成的缝
		风化缝	火山岩在近地表或裸露的情况下经过物理、化学风化作用，形成的裂缝。风化缝密度大、规模小、平面规律性不明显，但随深度增加，其裂缝密度呈降低的趋势

上庄坨火山岩中肉眼可以观察到的孔隙主要是气孔、杏仁体内溶孔、构造缝和风化缝；火山沉积岩中的孔隙与沉积岩类似，粒间孔发育。

第三节 现代曲流河的侵蚀及沉积作用

大石河发源于柳江盆地北部的燕山山脉,主要有两大分支流,西支流发源于老岭,东支流发源于熊顶盖。大石河流向东南,在山海关流入渤海,全长75km。小傍水崖位于大石河的中游,流经区域主要为沉积岩和火山岩。由于受地形、地貌和岩石性质的影响,河道在此处形成了几个大的转弯,具有曲流河的一些特征。可以观察到的地质现象有"U"形下切谷、曲流河凹岸冲刷凸岸堆积和河流阶地等现象。

一、河流的地质作用

(一)"U"形下切谷

当地壳进入相对稳定时期,已经形成蛇曲的河流,河谷常常表现为"U"形谷。当地壳发生抬升运动,或下游相对下降时,会使河流垂向侵蚀作用加强,河床迅速降低,并深切基岩,河谷剖面形态上呈"V"形,而河谷在平面上仍保留极度弯曲的蛇曲形态的不协调现象,称为深切河曲。深切河曲是河流"返老还童"的标志[1]。

站在小傍水崖的山顶,向东北方向望去,在3km之外的河谷呈"U"形,谷坡陡,谷底宽度100m左右。"U"形谷说明大石河在该处基本停止下切。"U"形下切谷的河床一般会形成比较厚的堆积物。"V"形下切谷的河床中一般基岩裸露。

(二)曲流河的沉积作用

曲流河平面上呈弯曲形态(照片19),弯度系数大于1.5。河道中发育一系列的深槽和边滩,从凹岸侵蚀下来的碎屑物通过底部环流被搬运到凸岸的边滩(点沙坝),侧向沉积,因此点沙坝形成了独有侧积结构。曲流河一般发育在河流的中、下游地势平坦的地区。曲流河可以划分出河道、点沙坝、天然堤、决口扇、泛滥盆地等沉积单元。

大石河在小傍水崖处有曲流河的平面形态,也有曲流河凹岸冲刷凸岸堆积的特征,但该处位于低山区,坡降较大,水的流速大,沉积物粒度粗,在点沙坝部位没有形成侧积现象,但曲流河的"二元结构"特征仍比较明显。

河床基本上是由大的卵石、漂砾构成,一般直径为20~30cm,有一定的磨圆度。在没有人工破坏的河段,漂砾的扁平面呈叠瓦状排列,扁平面朝向上游。在河道拐弯处形成深潭,并冲刷凹岸,使凹岸垮塌,凹岸成为陡峭的悬崖,凹岸的峭壁都为新鲜的垮塌面,底部的河床堆积新崩塌下来的岩块,呈棱角状。说明大石河在该处仍然在侧向迁移。

浅滩分布于凸岸,在该河段可以看到两个比较大的浅滩,一个位于桥的上游,一个位于桥的下游。规模大约有40000~75000m²,并且每年还在增大(排除人工破坏的因素)。浅滩是河流侧向迁移形成的沉积,浅滩在平水期高出水面,洪水期被河水淹没。底部是河床沉积的砾石,上部是洪水期河水漫过浅滩,浅滩表面的流速低于深潭流速,在浅滩表面沉积了较细的碎屑物,如细砾、粗砂、细砂、粉砂甚至泥。因此表现出下粗(河床相)上细(浅滩相)的"二元结

---

❶ 徐成彦,赵不亿.《普通地质学》讲义.武汉:武汉地质学院,1983.

构"。下部的河床相为漂砾,呈次棱角、次圆状,分选差,砾石略呈定向排列,偏平面指向河流的上游。上部为细砾、粗砂,分选差。

(三)河流阶地

由于受沉积基准面升降剧烈程度的影响,曲流河侧向迁移时有两种形式(图5-3):一种为水平方向迁移;另一种在水平迁移过程中还伴随有强烈的下切作用,呈阶梯状侧向迁移。在沉积基准面稳定的情况下,多形成水平方向迁移的点坝;当沉积基准面下降幅度较大时,曲流河在侧向迁移的同时,还伴随有强烈的下切作用。

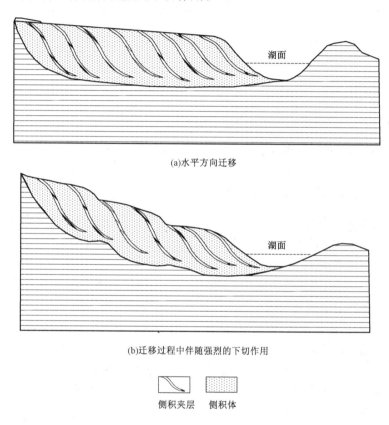

(a)水平方向迁移

(b)迁移过程中伴随强烈的下切作用

侧积夹层　　侧积体

图5-3　曲流河侧向迁移模式示意图

由于地壳的差异升降,大石河在小傍水崖发生了三次规模比较大的下切作用,伴随每一次的下切作用,原来的浅滩就会相对被抬高,形成河流阶地。附近发育了三个河流阶地,阶地的表面略向河道方向倾斜,陡坎明显(图5-4)。

一级阶地:高出现在的浅滩约10~20m,高出河水面约20m左右。下部由大的漂砾、砾石组成,向上逐渐变细,表面为含砂的黏土层,已被农民改造为耕地。一级阶地的宽度为150~250m。

二级阶地:高出现在的河水面30~40m。基底为喷出岩,基底上面为砾石层,向上逐渐变细,表面为亚黏土层,厚度大约1m,已被改造为耕地。二级阶地的宽度为100~200m。

三级阶地:高出现在的河水面50~70m。基底为喷出岩,基底上面为砾石层,砾石层厚度比较薄,向上逐渐变细,表面为亚黏土层,已被改造为耕地。三级阶地的宽度为100~150m。

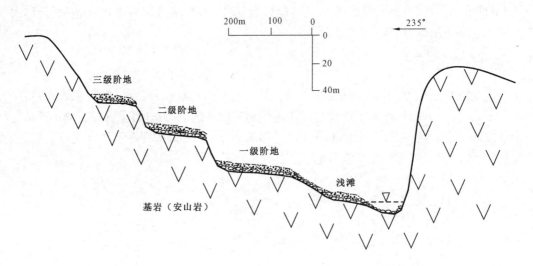

图5-4 大石河在小傍水崖处河流阶地示意图

二、曲流河沉积体系与油气聚集、聚煤作用的关系

(一)曲流河沉积体系与油气聚集

曲流河沉积体系砂体发育,粒度比较粗,分选好,物性好,是良好的油气储集层。地质历史时期的曲流河相比现代的曲流河分布更为广泛,分布面积可达数百至数千平方千米。曲流沉积体系中的储集体主要是曲流点沙坝,单个点沙坝的厚度一般为 5~8m,分布面积最大可达10km²,孔隙度可达30%,渗透率可达 1.3μm² 以上。如果沉积体系中的决口扇厚度和面积比较大时也会成为储集层。曲流河沉积体系中泛滥盆地沉积的泥岩层厚度一般较大,会成为比较好的盖层,成藏期油源常常会通过三角洲砂体,沿曲流河道向上游运移,在有圈闭的构造中聚集。曲流河沉积体系形成的油藏多为岩性油气藏、断层油气藏、背斜油气藏。

松辽盆地萨尔图油田的萨北、萨中区的油藏大部分属于曲流河沉积体系[13],渤海湾盆地孤岛油田新生界新近系馆陶组上段 1+2、3、4 砂层组属于曲流河沉积体系[14]。

渤海湾盆地秦皇岛 32—6 油田新生界新近系明化镇组下段是比较典型的曲流河油藏,岩性以细砂岩、粉砂岩为主,只在底部的滞留层段发育有厚度较薄的中砂岩。沉积构造主要发育槽状交错层理、侧积交错层理和水平层理,分选较好。点沙坝厚度为 3.1~27.4m,平均为9.8m;长度为 423~5383.3m,平均为 2050.0m;宽度为 438.1~5316m,平均为 1805.8m;面积为 0.16~9.94km²,平均为 2.00km²。

(二)曲流河与聚煤作用

与曲流河有关的聚煤作用主要发生在两种环境中,即泛滥盆地和废弃河道充填沼泽。泛滥盆地地势低洼,甚至低于堤内的河水面,常年潮湿,容易形成沼泽,是聚煤的主要场所。曲流河常常发生决口事件,决口扇淤积在沼泽上,中断泥炭的堆积,从而造成煤层向河道方向分叉、减薄、尖灭❶。

---

❶ 陈钟惠.《含煤岩系沉积环境分析》讲义. 武汉:武汉地质学院,1984.

废弃河道常常形成牛轭湖,当湖被淤积变浅成为沼泽,也能形成泥炭堆积,但面积比较小,一般其宽度小于几百米,其长度可达数千米。

第四节　河流的分类及沉积特征

河流的类型即河道的几何特征,它是河流坡度、基岩特征、流量、流速和沉积载荷等塑造河道的若干因素之间动态平衡的结果(表5-3)。根据河道的几何特征,通常将河道划分为顺直河、曲流河、辫状河和网状河[6]。

表5-3　辫状河、曲流河、网状河沉积体系的差别及鉴定标志

参数	辫状河	曲流河	网状河
坡降	大	中等—低	低
弯度	低	高	多变
宽深比	大	中等	低
流量变化	变化大	变化中等	变化小
稳定性	不稳定、横向摆动	不稳定、侧向迁移	稳定
沉积作用	不同位置的冲刷充填	侧积	垂向加积
多河道单元叠置	多河道单元叠置	单个河道单元	多河道单元叠置
河道分岔状况	多河道	单河道	多河道
水流能量	大	中等	小
负载能力	大	中等	小
纵向上砂泥厚度比	高	低	中等
泛滥盆地	不发育	发育	发育
决口沉积单元发育程度	很少	多	多

一、顺直河

顺直河的弯曲度小,河长大于河宽很多倍。单独的顺直河比较少见,通常只是河流的某一段表现为顺直河的特征。顺直河的沉积作用主要是冲刷充填,洪水期冲刷,随着洪水的消退,大小碎屑颗粒依次沉积。顺直河道深泓线稍有弯曲,也会表现出深潭和浅滩的相互交替,深潭处发生侵蚀作用,浅滩处沉积[6]。

二、曲流河

曲流河的河道呈明显的弯曲形态,弯度系数(河道长度与河谷长度之比)超过1.5,为单河道[6],发育一系列的深槽和浅滩,又称为蛇曲河(图5-5)。曲流河的沉积作用以侧向加积为主,从凹岸冲刷侵蚀下来的碎屑物,经过底部的环流,搬运到凸岸沉积。曲流河多发育于地势平坦、坡降比较小的地区,流量比较稳定,碎屑物供应稳定。

曲流河的沉积单元包括河道滞留沉积、点沙坝沉积、坝顶漫滩沉积、天然堤沉积、决口沉积、废弃河道沉积和泛滥盆地沉积(图5-6)。

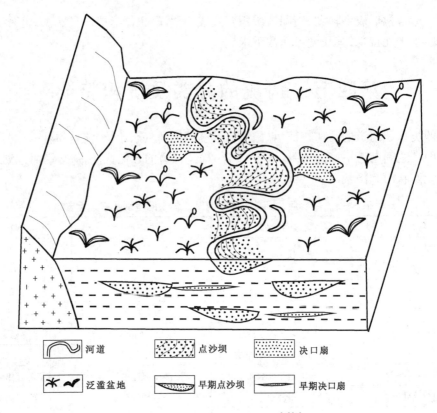

图 5-5 曲流河沉积模式图[6][8]

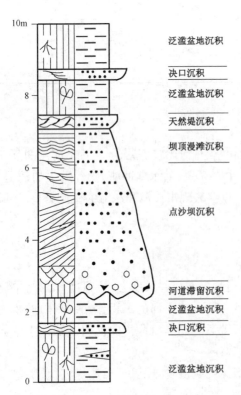

图 5-6 曲流河体系沉积序列示意图

河道滞留沉积:随着河流能量大小的变化,可以携带不同级别的碎屑颗粒,曲流河河道底部的水流能量比较强,主要以冲刷和侧切作用为主,细碎屑物质一般被搬运到点沙坝上部沉积下来或被带到河流的下游,粗碎屑颗粒和从堤岸上冲刷、垮塌下来的大块泥砾和大的砾石被滞留在凸凹不平的河道底部,构成了曲流河沉积层序的底部沉积单元。滞留沉积物粒度粗,多为砾岩、含砾砂岩,分选差,颗粒多呈次棱角、棱角状,块状构造,底面为冲刷构造,含大量的泥岩团块。厚度一般小于1m。

点沙坝沉积:又被称为边滩、曲流沙坝,是曲流河最显著的地貌单元,也是曲流河中碎屑物沉积的最主要场所。水流冲刷凹岸,通过底部的环流把碎屑物带到凸岸侧向加积在点沙坝上,一次次的洪水与枯水期交替,随着河道的侧向迁移,侧积体与侧积夹层反复交替,点沙坝不断地横向生长。点沙坝以砂质沉积为主,发育侧积交错层理、波纹爬升层理。其厚度一般为5~10m,最大可达20m以上,厚度的大小与河深有关。

坝顶漫滩沉积:特大洪水期,水面漫过点沙坝,会沉积一层以粉砂岩、泥质粉砂岩为主的细碎屑物质,覆盖在点沙坝之上,厚度比较薄,一般不超过1m。该沉积主要发育波纹层理、小型波纹交错层理。

天然堤沉积:分布于河道两岸,高于河道,分隔河道与泛滥盆地❶,是由洪水期携带的碎屑物堆积在河道两岸的沉积物,向河道一侧颗粒粗、厚度大,向泛滥盆地一侧颗粒细,厚度薄。天然堤沉积以细砂、粉砂为主,兼有砂泥互层,多发育波状交错层理。

决口沉积:洪水期,河水越过天然堤,携带碎屑物质呈扇状、舌状、不规则片状沉积于泛滥盆地中,以细砂和粉砂为主,见粗砂和砾,分选差,常呈砂泥互层状。决口沉积发育波纹爬升层理、波纹层理、水平纹理等。

废弃河道沉积:曲流河在发育过程中,冲决天然堤取直河道,原河道两端堵塞被废弃,形成废弃河道,规模大时称为牛轭湖。所以说废弃河道沉积是曲流河裁弯取直的结果。沉积物以细碎屑物为主,发育波纹层理、水平纹理,常常夹一些泥炭堆积以及炭质泥岩,见根土岩。

泛滥盆地沉积:地势平坦、排水性差,沉积物以泥岩、泥质粉砂岩为主,可见植物茎叶和根须化石。潮湿气候条件下,植物繁茂,可进一步发展成沼泽,会有泥炭堆积。当气候干旱时,其沉积物颜色较浅,会有泥裂等暴露构造。该沉积常常夹一些粒度比较粗、分选差的决口沉积。

三、辫状河

辫状河的河道一般很宽阔,由许多河道沙坝(心滩)将河道分隔成相互交织的分流河道,其特点是坡降较大,具有比较大的宽深比,易摆动[8],心滩和河道位置经常处于迁移过程中(图5-7)。枯水期只有河道里面有水流,以砂质沉积为主,发育板状交错层理。洪水

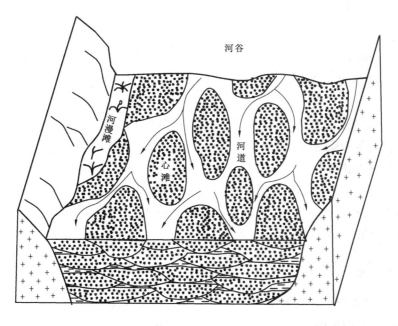

图5-7 辫状河沉积模式图(据 Allen,1965,有修改)

❶ 陈钟惠.《含煤岩系沉积环境分析》讲义. 武汉:武汉地质学院,1984.

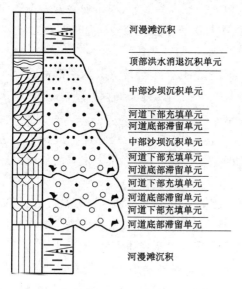

河漫滩沉积

顶部洪水消退沉积单元

中部沙坝沉积单元

河道下部充填单元
河道底部滞留单元
中部沙坝沉积单元
河道下部充填单元
河道底部滞留单元
河道下部充填单元
河道底部滞留单元
河道下部充填单元
河道底部滞留单元

河漫滩沉积

图5-8　辫状河体系沉积序列示意图

期河水充满整个辫状河,心滩被水淹没。河道内冲刷作用为主,沉积物主要为砾,心滩顶部以悬浮沉积为主,沉积物主要为粉砂、泥质粉砂和泥岩,发育波纹层理、波纹爬升层理和水平层理。随着洪水水位的下降和逐渐消退,河道内依次沉积砾岩、含砾砂岩、粗砂岩等,发育块状构造、槽状交错层理、板状交错层理。但是在洪水初期,心滩常常被洪水冲决、侵蚀,变为新的河道,河道的淤塞也可转化为新的心滩,心滩和河道频繁迁移、叠置,构成了辫状河特有的多旋回冲刷充填沉积序列(图5-8)。一个完整的河道序列,纵向上可划分出5个沉积单元:河道底部滞留沉积单元、河道下部充填沉积单元、河道中部沙坝(心滩)沉积单元、河道顶部洪水消退沉积单元和河漫滩沉积。

河道底部滞留沉积单元:洪水初期,水流能量很强,具有强大的冲刷作用,这一时期的河床底部几乎不接受沉积,但有些大颗粒的砾石受河床地貌的影响,会滞留下来,与冲刷河床形成的泥砾一起混杂堆积。其厚度较薄,一般有十几到三十厘米。其岩性为砾岩混杂泥砾,砾石具有定向排列的规律或呈叠瓦状,分选差、磨圆度低,多呈棱角状或次棱角状,底部为起伏不平的冲刷面。

河道下部充填沉积单元:随着洪水能量的逐渐降低,一些细砾、粗砂开始沉积,形成河道下部充填沉积单元,其分选差、磨圆度低。该单元发育块状构造、正递变层理和大型槽状交错层理。

河道中部沙坝(心滩)沉积单元:随着洪水的逐渐消退,能量降低,在某些河道中淤积,形成沙坝。河道沙坝形成早期,在水面以下时,水体较深,主要沉积板状交错层理的粗砂岩和中砂岩。

河道顶部洪水消退沉积单元:随着洪水的慢慢消退、河道沙坝的生长,沙坝顶部水深变浅,能量降低,水流能量平稳,往往在心滩顶部沉积以波纹层理、波纹爬升层理和水平纹理为主的粉砂岩、泥质粉砂岩和泥岩。

河漫滩沉积:由于河道的堵塞、淤积,某些地段的沙坝连片,高出平均河水面,甚至于河堤相连,成为河漫滩,会有植物生长;特大洪水时,被水淹没,沉积泥或泥质粉砂,发育波纹层理和水平层理,有时会有一些薄层砂沉积。

四、网状河

网状河发育在地势平坦的平原地区,是由几条弯度多变、相互连通的河道组成的低能复合体[6](图5-9)。沉积作用以垂向加积作用为主。沉积单元包括河道沉积、泛滥平原沉积和决口沉积(图5-10)。

河道沉积:河道具有窄而深和稳定的特点,底面具有明显的侵蚀面,底部发育厚度比较薄的块状含砾砂岩层,向上逐渐过渡为粗砂岩、中砂岩、细砂岩等。发育槽状交错层理、板

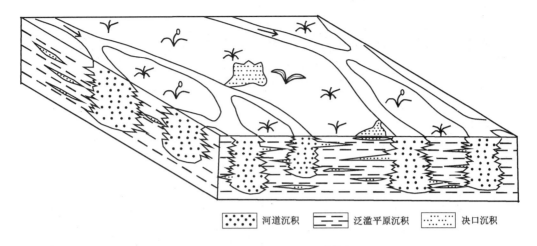

| 河道沉积 | 泛滥平原沉积 | 决口沉积 |

图 5-9　网状河分布模式[6][8]

状交错层理和波纹层理等。垂向上以加积作用为主。由于枯水和洪水季节的交替,内部常常由多个正旋回构成。与辫状河的差别主要是没有横向上的摆动和迁移,垂向上内部的冲刷程度较弱。

泛滥平原沉积:主要由泥岩和粉砂质泥岩组成,质不纯,夹粉砂岩条带,见水平层理和波纹层理。在干旱环境下,泥岩多为块状、紫红色,植物化石稀少,发育泥裂构造;在潮湿环境下,植被发育,植物茎叶和根须化石丰富,常形成泥炭堆积。

决口沉积:网状河体系虽然稳定,但洪水季节也会发生决口,在泛滥平原上形成决口扇,通常为细砂、粉砂组成的叶状砂席。发育水流波纹层理、波纹爬升层理和水平层理,甚至可见冲刷构造。由于泛滥平原位置的稳定,其纵向上往往会形成多期决口沉积的叠加,呈薄互层状。

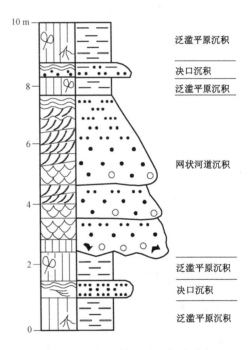

图 5-10　网状河体系沉积序列示意图

思考题

(1)简述喷出岩的描述方法。

(2)从山脚到山顶相似的岩石类型为什么会重复出现?

(3)简述河流阶地形成的机制以及研究河流阶地的意义。

(4)根据对大石河的观察,试总结曲流河不同部位沉积物的特点和堆积方式。

(5)查阅资料,试总结河流与油气聚集的关系。

第六章　石门寨西瓦家山石炭—二叠系
含煤地层剖面

> **实习路线**：石门寨西门外—瓦家山—向西方向。
> **构造位置**：柳江向斜东翼。
> **考察内容**：(1)观察古风化壳和地层平行不整合接触关系；
> 　　　　　　(2)详细观察、描述石炭—二叠系地层的岩性特征、沉积构造、化石特征；
> 　　　　　　(3)分析石炭—二叠系地层层序以及沉积环境演化规律；
> 　　　　　　(4)通过露头地层特征的观察，分析石炭—二叠纪期间古气候的演化规律；
> 　　　　　　(5)分析石炭—二叠纪煤聚集规律。

第一节　瓦家山石炭—二叠系地层剖面

　　在石门寨西门外的瓦家山，自东向西在 2000m 的路线上出露了中奥陶统马家沟组 (O_2m)、中石炭统本溪组 (C_2b)、上石炭统太原组 (C_3t)、下二叠统山西组 (P_1s) 和下石盒子组 (P_1x)、上二叠统上石盒子组 (P_2s) 和石千峰组 (P_2sh)、下侏罗统下花园组 (J_1x) 以及中侏罗统髫髻山组 (J_2t)，记录了从早古生代到中生代华北地区的海陆变迁和气候演化，是国内在较小的范围内出露的地层最全、最连续的地层剖面(附图5)。

　　中侏罗统髫髻山组 (J_2t) 主要为火山熔岩、火山集块岩等，在上庄坨等其他剖面中可以看到更详细的特征，该处不再详细观察描述，重点观察晚古生代地层特征(据周琦，2000，有修改)：

一、侏罗系 (J)

1. 中侏罗统 (J_2)

髫髻山组 (J_2t)：出露厚度大于 200m；岩性为安山岩、角闪安山岩、斜长安山岩、辉石安山岩、火山集块岩。

2. 下侏罗统 (J_1)

下花园组 (J_1x)：出露厚度大于 150m。土黄色、黄褐色砾岩、含砾粗砂岩、岩屑杂砂岩，发育槽状交错层理、大型板状交错层理。与下伏的石千峰组地层角度不整合接触。

二、二叠系 (P)

1. 上二叠统 (P_3)

石千峰组 (P_3sh，厚 150m)：

（1）紫红色粉砂岩夹灰绿色细粒岩屑砂岩，厚13.7m。

（2）紫红色中厚层中粒长石砂岩夹薄层细砂岩、紫红色粉砂岩，底部见砾岩；发育板状交错层理，厚4.7m；见昆虫化石。

（3）紫红色粉砂岩，厚4.5m。

（4）紫红色细砂岩与粉砂岩、中砂岩互层，厚81m。

（5）黄褐色中粒长石砂岩，厚3.6m，发育板状交错层理。

（6）紫红色泥岩，厚17.2m。块状构造，见水平层理。

（7）青灰色泥质粉砂岩，厚8.2m。

（8）灰白色含砾粗粒岩屑质长石砂岩，厚18.4m；内部夹2m厚的砾岩。

（9）黄绿色泥岩与紫红色粉砂岩互层，厚5.6m。

（10）灰白色厚层中粗粒岩屑质长石砂岩，厚3.3m。

（11）紫红色泥岩夹粉砂岩，厚28.1m。

（12）紫红色细粒岩屑质长石杂砂岩，厚4.1m。

（13）紫红色含砾粗粒岩屑质长石杂砂岩，厚7.9m。发育大型板状交错层理。与下伏上石盒子组整合接触。

上石盒子组（P_3s，厚72m）：

（1）紫红色泥岩，厚5m。发育水平层理，纹理厚3～8mm。

（2）灰白色中厚层含砾粗粒岩屑质长石砂岩，厚12m。发育板状交错层理。

（3）紫红色中薄层含砾中粒岩屑质长石砂岩，含铁质，厚3.9m。

（4）灰白色厚层含砾中粗粒岩屑质长石砂岩，发育板状交错层理，厚24.3m。

（5）灰白色、黄绿色细粒岩屑砂岩夹少量紫色泥岩，厚3.0m。

（6）灰白色含砾粗粒长石砂岩，厚24.1m。砾石最大直径2cm，次棱角状；底部发育冲刷构造，正递变层理，下部为砾岩—含砾砂岩—砂岩，由多个正旋回叠置而成，单个旋回厚度1.0m左右；与下伏地层整合接触。

2. 下二叠统（P_1）

下石盒子组（P_1x，厚115m）：

（1）紫红色泥夹粉砂岩，厚12.5m；水平层理，纹理厚3～4mm。

（2）灰色细粒长石质岩屑杂砂岩，厚5.8m；节理发育，节理走向35°，近直立。

（3）灰色中粒长石质岩屑杂砂岩，厚9.5m。

（4）灰绿色含云母细粒岩屑杂砂岩，厚5.8m。

（5）紫红色泥质粉砂岩，厚1.5m；块状构造。

（6）灰色细粒长石质岩屑杂砂岩，厚19.5m；板状交错层理。

（7）黄绿色粗粒长石质岩屑杂砂岩，厚8.6m；发育大型板状交错层理。

（8）黄褐色中粒长石杂砂岩，厚17.5m；发育大型板状交错层理。

（9）青灰色、灰绿色含云母泥质粉砂岩，厚23.3m；块状构造，含植物化石，上部夹土黄色水平纹理粉砂岩。

（10）黄褐色含砾粗粒岩屑质长石杂砂岩，厚4.3m；发育正递变层理、板状交错层理，底部见冲刷构造。这套岩层由3～4个含砾粗砂岩—粗砂岩—中砂岩旋回构成，每个旋回厚0.5～1.5m。地层走向18°，倾向288°，倾角15°。该层岩性特征明显，与下伏山西组顶部地层无论颜色和岩性存在明显差别,因此只要找到了该层,就可以确定出下石盒子组与山西组的界限。该套岩层与下伏地层整合接触。

山西组(P_1s,厚61.8m):

(1)青灰色泥质粉砂岩,厚2.2m;块状构造。

(2)黑色碳质页岩夹深灰色、黄绿色细粒长石质岩屑杂砂岩,厚28m;含植物化石碎片;有闪长玢岩岩脉侵入。

(3)灰绿色含云母粉砂岩与薄层细粒长石质岩屑杂砂岩、页岩互层,厚6.0m;含大量植物化石碎片。

(4)黄绿色、灰色细粒岩屑质长石杂砂岩,厚6.0m;夹黑色页岩和煤线,见植物化石碎片。

(5)青灰色泥质粉砂岩及页岩,厚6.6m。

(6)灰色中细粒岩屑质长石杂砂岩,石英含量为40%,长石含量为40%,岩屑含量为20%;厚13.0m;含铁质结核;地层走向为28°,倾向为298°,倾角为32°;与下伏地层整合接触。

三、石炭系(C)

1. 上石炭统(C_3)

太原组(C_3t,厚47.5m):

(1)灰色粉砂岩,页岩与灰黄色细粒杂砂岩互层,厚4.4m;具水平层理,纹理层厚3~5mm,含铁质结核,见植物化石碎片;地层走向为10°,倾向为280°,倾角为32°。

(2)青灰色泥质粉砂岩,厚11.8m;风化后呈黄褐色,具水平层理,纹理层厚2~5mm;含铁质结核,见植物化石碎片;地层走向为12°,倾向为282°,倾角为30°。

(3)灰色细粒砂岩,厚度3.0m。

(4)灰绿色泥质粉砂岩,夹少量页岩,厚度15.0m。

(5)灰绿色厚层中细粒砂岩,厚13.3m;石英含量为65%,长石含量为30%,岩屑含量为15%,为岩屑长石石英砂岩,含铁质结核;发育波状层理、槽状交错层理;具有明显的球状风化现象;发育五组节理,第一组走向为12°,第二组走向为53°,第三组走向为75°,第四组走向为121°,第五组走向为142°,节理面平直,都近直立,延伸长度2~10m左右;球状风化与岩石的结构和节理有关,同心圆状结构的岩石,如大型结核容易产生球状风化,而节理发育的岩石容易产生球状风化,因为发育几组不同方向的节理把岩石切割成大小不同的岩块,在水和空气渗入的情况下,可以从几个方向同时使岩石风化,棱角部分最易被破坏,脱落,岩块逐渐变为球形❶;该处的球状风化可能与节理和岩石性质都有关;与下伏地层整合接触;太原组和本溪组之间地层界限比较明显,容易识别。

2. 中石炭统(C_2)

本溪组(C_2b,厚71.7m):

(1)灰黄色、灰黑色页岩,厚12.2m;水平纹理,纹理厚3~8mm;夹多层泥灰岩透镜体,透镜体厚度10cm左右,滴酸起泡;含海百合茎化石❷;地层走向为19°,倾向为289°,倾角为30°;

❶ 徐成彦,赵不亿.《普通地质学》讲义. 武汉:武汉地质学院,1983.
❷ 周琦,李延平,方德庆,等.《秦皇岛地质认识实习教学指导书》讲义. 大庆:大庆石油学院,2000.

该层是本溪组顶部的标志层,岩性特征明显,与上覆太原组底部的岩屑长石石英砂岩界线清楚,因此只要找到了该层就可以确定出本溪组和太原组的界限。

(2)褐色粉砂岩,厚2.0m,见铁质结核。

(3)灰色泥岩夹粉砂岩透镜体,向上过渡为铁质石英粉砂岩,厚4.4m;含植物化石碎片和铁质结核;发育水平纹理,纹理厚3~10mm。

(4)灰黑色、灰绿色薄层粉砂岩夹石灰岩透镜体,度19.6m。

(5)灰黄色页岩,厚2m;发育水平层理,纹理层厚3~8mm,见铁质结核;风化后成褐色;地层走向为10°,倾向为280°,倾角为24°。

(6)深灰色泥质粉砂岩,厚11.8m,块状构造;铁质含量较高,风化后呈红褐色;夹灰黄色泥质条带,含铁质结核。

(7)青灰色细粒石英砂岩,厚4.2m;风化后呈褐色;含铁质结核,直径为3~4mm;地层走向为13°,倾向为283°,倾角为17°。

(8)青灰色石英粉砂岩,厚6.2m;石英含量为95%,石英颗粒磨圆度高;发育波痕和波状层理,波痕走向为155°,波长为15cm,波高为2~3cm;因铁质含量高,风化后岩石表面呈黄褐色;发育一组节理,走向为55°,倾向为145°,倾角为44°。

(9)黑色碳质页岩、粉砂岩,厚4.8m;发育水平纹理,纹理厚1~4mm;局部夹铁质砂岩透镜体,透镜体厚3~30cm,宽6m左右,透镜体大小不一,含铁质结核;见大量植物化石。

(10)黄褐色铁质细砂岩,厚5.5m;夹灰褐色泥质条带,铁质胶结,胶结物含量较高,占15%~25%,颗粒磨圆度为圆状;含大量铁质鲕粒,鲕粒直径为1.0~4.0mm。

(11)土黄色、浅棕黄色黏土岩,夹灰白色铝土质团块,厚度1.5m;为古风化壳的残积层;与下伏地层平行不整合接触。

四、奥陶系(O)

中奥陶统(O_2)马家沟组(O_2m):该处出露厚度大于100m;灰黄色、灰白色,白云质灰岩呈块状、薄层状,滴酸起泡中等;局部夹灰质条带,发育水平层理;地层走向为20°,倾向为290°,倾角为33°;中间有一条辉绿岩岩墙侵入,宽0.6m左右,延伸长度超过100m,走向为80°;由于辉绿岩抗风化能力强,突出地表0.5m左右。

第二节　柳江盆地石炭—二叠纪沉积演化与聚煤作用

中国的石炭、二叠纪地层十分发育,是重要的含煤地层。中国北方石炭—二叠纪聚煤作用范围辽阔,持续时间长,聚煤程度高。范围包括昆仑山—秦岭—大别山以北到天山—阴山以南,覆盖了整个华北、东北以及内蒙古南部和西北地区,形成了广泛分布的较厚煤层,储量十分丰富,煤质为烟煤和无烟煤,不少是炼焦用煤。比较著名的煤田有开滦、大同、本溪、太行山东麓、沁水、汾西、豫西、淮南、淮北、鲁西南、贺兰山等[15]。

由于加里东运动,中朝地台自奥陶纪以后一直处于抬升状态,长期的风化剥蚀使华北地区变为准平原,因而在本溪组底部形成了广泛分布的风化残积层,在适宜的地质条件下,可以形成风化型铁矿和铝土矿,即著名的"山西式铁矿"和G层铝土矿。

到中石炭世早期开始沉降接受沉积,在铝土质岩、铁质砂岩之上是碳质页岩与细砂岩、粉砂岩互层,是滨海沼泽与滨海相交替的产物。本溪组顶部为一套厚度12.2m的页岩夹多层泥灰岩的组合,含海百合化石[9],明显属于海相地层。本溪组地层在华北地区普遍发育薄煤层,秦皇岛地区局部夹煤线。太原组为中细粒砂岩、粉砂岩和页岩互层,局部夹泥灰岩透镜体。纵向上由两个正旋回构成,第一个旋回底部为中细粒岩屑长石石英砂岩,向上过渡为泥质粉砂岩、页岩。第二个旋回的底部为细砂岩,向上过渡为泥质粉砂岩夹泥灰岩透镜体。这一时期应该是滨海、沼泽、河流交替的环境,在某些地段夹少量的煤线。山西组由中细粒砂岩、粉砂岩、泥岩和碳质页岩构成的两个正旋回,夹煤线,含大量植物化石。这一时期为近海沼泽、河流沉积。下石盒子组主要由含砾砂岩和中厚层中粗粒砂岩组成,以河流相沉积为主。自下而上颜色由青灰色逐渐过渡为紫红色,说明气候逐渐变得比较干旱。上石盒子组为厚层灰白、紫红色砾岩、含砾砂岩及薄层紫红色泥岩,为半干旱—干旱气候下的河流相沉积。石千峰组地层多为紫红色砂砾岩与泥岩交互,属于干旱气候条件下的内陆河湖沉积。

柳江盆地石炭—二叠系地层剖面反映了气候由温暖潮湿逐渐转变为干旱,地形上由滨海、近海沼泽逐渐转变为内陆盆地。

中、晚石炭世华北地区为热带—亚热带气候,在潮湿温暖的气候条件下,芦木类、鳞木类和科达纲等高大的乔木繁盛,真蕨和种子蕨类植物繁多,楔叶目也很茂盛[15]。整个华北地区这一时期为大面积平坦的滨海平原、沼泽,并持续稳定沉降,为聚煤作用创造了有利条件。早二叠世早期,本区仍持续为热带—亚热带气候,森林沼泽继续广泛分布,鳞木目开始衰退,芦木目、真蕨和种子蕨仍很繁盛,聚煤作用达到高潮。早二叠世中、晚期,本区由稳定沉降逐渐转变为抬升,气候开始向干旱条件转化,植物的生长繁殖受到影响,聚煤作用衰退。晚二叠世早期,干旱气候持续,植物群中种子蕨纲发展到了顶峰,其他裸子植物继续发展,聚煤作用基本停止。晚二叠世晚期,干旱气候加剧,沉积物以红层为主,植物化石罕见,晚古生代的聚煤作用完全结束。

思 考 题

(1)简述球状风化的成因。

(2)简述沉积岩的描述方法。

(3)简述不整合面的成因和类型,并简述研究不整合面的意义。

(4)如何判断地层是海相沉积环境成因和陆相沉积环境成因?

(5)查阅资料,试总结成煤环境以及煤的沉积模式。

第七章 祖山东门—山羊寨花岗岩、侵入作用、背斜构造及古生物化石观察

> **实习路线**：祖山东门—秋子峪—山羊寨。
> **构造位置**：柳江向斜西翼。
> **考察内容**：(1) 观察燕山运动晚期侵入岩的特征；
> 　　　　　　 (2) 观察接触变质作用；
> 　　　　　　 (3) 观察、测量、描述背斜构造；
> 　　　　　　 (4) 观察、描述溶洞、洞穴堆积和哺乳动物化石；
> 　　　　　　 (5) 观察、测量岩墙和岩脉。

第一节 祖山花岗岩及侵入作用观察

一、祖山花岗岩特征

祖山是燕山山脉中的一段，整个山体属响山花岗岩岩体，同位素年龄测定为120—125Ma，相当于早白垩世；K—Ar法测得黑云母年龄为137—145Ma，相当于晚侏罗世。其形成时间有争议，有待进一步研究确定。但根据它与围岩的接触关系，又根据它与构造的配置关系分析，响山花岗岩的侵入结束了柳江盆地接受沉积的历史，也形成了柳江盆地现今的构造格局。综合分析认为，响山花岗岩应该形成于晚侏罗世末期和白垩纪早期，即燕山运动Ⅲ幕。

响山花岗岩岩体位于柳江盆地向斜西翼的西侧，面积为150km²，为小型岩基，侵入于新太古代花岗片麻岩，早古生代寒武纪、奥陶纪以及晚古生代石炭纪地层中。该岩基具有一定的分带性(图7-1)，中心相为灰白色粗粒花岗岩，过渡相为肉红色中细粒花岗岩；边缘相为细粒肉红色花岗岩，见正长斑岩；外围还零星分部一些脉状体，如花岗斑岩岩脉等。

中心相：灰白色粗粒花岗岩(照片20)，主要成分为石英、正长石和斜长石，含量分别为30%、38%、18%，其他成分为角闪石和黑云母；颗粒直径为5~10mm，具粗粒、不等粒结构，块状构造；不同部位，岩石的结构构造变化比较大，一般情况下，颗粒越粗大，晶形完好程度越高，岩石中晶洞越发育(照片21)，晶洞直径为3~15mm，形态变化比较大。角闪石矿物自形程度比较高，其他依次为黑云母、斜长石、正长石和石英，角闪石呈褐绿色，长柱状，可以看到菱形截面，平行柱面的两组完全解理，夹角为124°左右，可以看到角闪石蚀变后转换为绿泥石的现象(照片22)；斜长石呈白色，板柱状，可见两组解理，一组完全，一组中等；正长石呈肉红色，短柱状，两组近直交的解理；石英呈灰白色、暗灰色，半透明状，具油脂光泽，粒状，无解理，在晶洞中可见晶形比较好的锥柱状石英颗粒；黑云母呈片状，褐色，具玻璃光泽。

过渡相：肉红色、浅肉红色中细粒花岗岩，正长石含量为55%，斜长石含量为15%，石英含

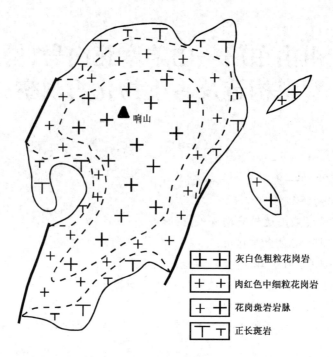

| 灰白色粗粒花岗岩 |
| 肉红色中细粒花岗岩 |
| 花岗斑岩岩脉 |
| 正长斑岩 |

图 7 - 1 响山花岗岩相带分布示意图

量为 22%，其他成分为黑云母和角闪石等矿物；中细粒结构、似斑状结构，块状构造，在某些部位纵向节理发育（照片 23）；正长石呈板状晶体状，直径 2~5mm，其他矿物的颗粒直径一般为 1~4mm。

边缘相：分布在岩基与围岩接触带附近，主要为细粒肉红色花岗岩，也见正长斑岩；从祖山东门沿公路向东南行驶，在到达车厂村之前的公路转弯处，公路西侧的悬崖上可以看到侵入岩与沉积岩的接触界面（照片 24），这就是响山侵入岩体的边部，为肉红色正长斑岩，斑状结构，块状构造；斑晶主要为正长石，含量为 25% 左右，颗粒直径为 2~4mm，少量斜长石斑晶，基质为似粗面结构。

二、侵入作用及接触变质作用

上地幔的高温岩浆沿地壳脆弱处上升，进入地壳上部或浅层的地质活动过程叫侵入作用[1]。在岩浆上升、运移过程中，接近岩浆体的围岩受到岩浆热量的影响而温度升高，使其结构、成分发生变化，成为新的岩石，这一过程叫接触变质作用[2]。它的宽度范围通常较小，一般为几米至几十米，有时只有几厘米宽，这与侵入岩体的规模、温度和围岩的性质有关。

在中生代，秦皇岛地区岩浆活动剧烈，祖山为响山花岗岩岩体，侵入于新太古界花岗片麻岩和寒武系、奥陶系、石炭系地层中。在车厂村附近是侵入岩体的边缘相，正长斑岩与寒武系石灰岩、泥灰岩直接接触（照片 24）。在接触面附近岩石受到一定的挤压变形，并伴随一定的变质作用，形成一条宽 5~10m 的夕卡岩带，由于该处属于浅成侵入，岩浆温度低，变质程度弱，变质范围只分布在接触面附近。夕卡岩带呈深灰色、灰绿色，具条带状构造，见晕圈构造，呈微晶结构。

---

[1] 中国地质大学（北京）.《北戴河地质认识实习指导书》讲义．北京：中国地质大学（北京），2001.
[2] 游振东，王方正.《变质岩岩石学教程》讲义．武汉：武汉地质学院，1986.

第二节　背斜构造的观察与测量

一、秋子峪背斜

从车厂村沿公路继续往回走,在到达秋子峪村之前 2km 处,公路西侧,在该处的石灰岩地层中发育了一个小规模的背斜(照片 25),背斜宽 25m 左右,隆起幅度 10m 左右,轴向为 225°,东翼倾向为 130°,倾角为 30°,西翼倾向为 315°,倾角为 20°。该背斜轴面近于直立,两翼基本对称(图 7-2)。背斜顶部节理发育,以走向节理为主,枢纽部位的节理密度高于两翼部位,多属于张节理。由于岩石力学性质的差异,节理一般不穿越岩层。

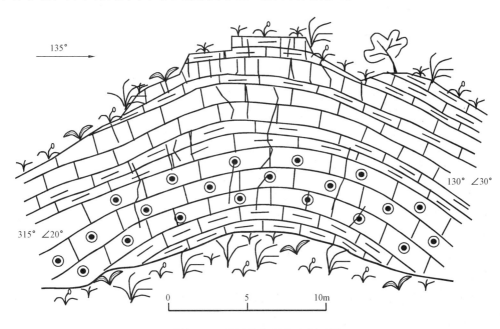

图 7-2　秋子峪背斜构造剖面图

根据岩石观察,这套地层主要为鲕粒灰岩、隐晶质灰岩和泥灰岩,为寒武纪地层。自上而下可以划分为 7 层:

(1)第一层厚 1.5m,灰绿色,泥灰岩,水平层理。

(2)第二层厚 1.0m,灰色,石灰岩、块状构造。

(3)第三层厚 0.5m,灰绿色,泥灰岩,水平层理。

(4)第四层厚 1.5m,厚层块状,石灰岩。

(5)第五层厚 1.0m,灰色泥灰岩,水平层理。

(6)第六层厚 3.0m,鲕粒灰岩,鲕粒直径 0.5~1.0mm,鲕粒含量 40% 左右,灰色,厚层块状。

(7)第七层厚 1.0m,灰绿色,泥岩,块状构造;节理发育,共两组,一组走向为 7°,近于直立;第二组走向为 97°,倾向为 97°,倾角为 75°。

关于鲕粒灰岩的成因争论比较多,归纳起来大致上有两种观点:一种观点认为,当碳酸钙沉淀到海底尚未固结之前,从水体中散落到碳酸钙层表面大量砂屑和生物碎屑颗粒,在波浪、水流的作用下,砂屑和生物碎屑颗粒在碳酸钙沉积层表面反复滚动、波选,碳酸钙层层包裹,如同滚雪球一样不断增大,从而形成鲕粒,整个过程就像中国元宵的制作过程。第二种观点认为,当水体中碳酸钙浓度达到过饱和状态后,围绕水体中悬浮的细小砂屑和生物碎屑颗粒凝结,层层包裹,当颗粒增大到一定程度,重量超过浮力后沉积到海底,层层堆积就形成了鲕粒灰岩,整个过程就像冰雹的形成过程。作者更认同第一种观点,因为鲕粒灰岩多形成于与碳酸盐岩台地的上边缘,那里是波浪能量比较强的临滨带。

二、褶皱构造的描述

(一)褶皱构造的描述要素

褶皱的描述包括褶皱的核、翼、顶、转折端、枢纽、轴和轴面等要素的特征和产状的描述(图7-3)。

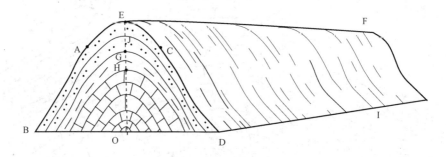

图7-3 褶皱几何要素描述示意图(据 B. E. 霍布斯,1980,有修改)

核:组成褶皱中心部分的岩石(O)。它的范围是相对的,一般只将位于褶皱内的某一地层定为核。背斜的核是最老的地层,向斜的核是最新的地层。核部地层的描述包括地层时代、岩性、裂缝等特征。

翼:位于褶皱两侧的岩层(AB、CD)。翼部地层的描述包括地层时代、岩性、走向、倾向、倾角、裂缝等特征。

转折端:连接两翼的部分(AEC),就是从背斜一翼到另一翼过渡的弯曲部分的地层,形态上可以是平滑的弯曲,也会是尖棱状的转折形态或其他形态。转折端的描述包括岩性、裂缝等特征。

顶:褶皱中转折端上曲率最大的顶点(E、G、H)。褶皱中每个层面中每个横截面就有一个顶。

枢纽:褶皱中同一个岩层的顶点连线就叫枢纽(EF)。枢纽在空间上可能是水平的、倾斜的、直立的,也会呈波浪状。枢纽的描述包括走向、倾向、倾角和形态特征等。

轴面:褶皱中各层枢纽构成的连续面(EFIO),可以看作平分褶皱两翼的对称面,轴面可以是平面、也可以是曲面;可以是直立的、也可以是倾斜或平卧的。轴面的描述包括走向、倾向、倾角。

轴:轴面与水平面的交线(FJ),它代表褶皱的走向。在枢纽水平时,枢纽与轴一致,当轴面和枢纽都倾斜时,枢纽的方向与轴的方向不一定一致。

根据褶皱几何要素的变化特征,通常可以将褶皱划分为直立褶皱、歪斜褶皱、平卧褶皱[7]。

（1）直立褶皱：轴面近于直立，两翼地层的倾向相反，倾角大致相等，两翼对称。

（2）歪斜褶皱：轴面倾斜，两翼不对称，两翼地层倾角变化大。

（3）平卧褶皱：轴面近于水平或倾角很小，两翼地层倾向近于一致，且倾角很小，其中一翼地层为正常地层层序，另一翼地层发生了倒转。

根据褶皱沿轴线延伸的长度（长轴）和横向（短轴）的宽度比，可以将褶皱划分为线型褶皱、长轴褶皱、短轴褶皱和穹隆褶皱[7]。

线型褶皱的长轴大于短轴的10倍；长轴褶皱的长轴是短轴的5～10倍；短轴褶皱的长轴是短轴的2～5倍；穹隆褶皱的长短轴近于相等[7]。

（二）背斜构造的成因类型

在褶皱构造中，背斜是油气聚集的重要圈闭场所，背斜的成因、形成时间和规模对油气藏的形成和油气富集的丰富程度有重要的影响。不同成因的背斜在形态特征和规模大小等方面差别很大，按照其成因可将其划分为六大类：挤压背斜、基底隆升背斜、披覆背斜、底辟背斜、差异压实背斜和逆牵引背斜[10]。

（1）挤压背斜：在侧向挤压应力作用下，地层弯曲形成的背斜。这类背斜一般闭合高度大，圈闭面积大，两翼地层较陡；形态上直立的、歪斜的、平卧的都有；平面上多为线型、长轴型。

（2）基底隆升背斜：在盖层沉积之后或沉积过程中，基底构造间歇性的活动，局部隆起造成上覆地层突起而形成的背斜。这类背斜多呈宽缓状，平面上多为短轴型、穹隆型，闭合高度低，但圈闭面积大。

（3）披覆背斜：这类背斜与基底凸起地形有关[10]。沉积基底上常常分布一些继承性的古隆起或水下高地，当其上有新的碎屑物堆积时，凸起处沉积物粗，厚度薄，周边沉积物细多以泥质为主，厚度大，再加上后期不均衡的压实作用，便在这些古凸起的地貌上形成了背斜构造。这类背斜构造一般具有顶部地层薄，翼部地层厚；顶部粒度粗，翼部粒度细；上部地层缓，翼部地层陡的特点。披覆背斜平面上多为穹隆背斜或短轴背斜，相对宽缓，闭合高度小。

（4）底辟背斜：地层内部的塑性物质，比如泥岩、泥灰岩、盐岩、膏盐层等，在上覆地层不均衡的负载作用下或侧向水平方向应力作用下，塑性层蠕动上拱，使上覆地层变形而形成的背斜[10]。岩浆的侵入作用也常常会形成底辟背斜。这类背斜多为穹隆背斜，发育放射状分布的断层。

（5）差异压实背斜：一般形成在水下沉积体系或水下沉积的砂岩体部位，比如水下扇、湖底扇、三角洲前缘、浊积岩等沉积砂体部位。由于这些部位沉积了厚度比较大的砂岩体（或累计厚度比较大），周边为泥质沉积物，被上覆地层覆盖后，在上覆地层的压实作用下，泥岩部位压实幅度大，砂岩部位压实幅度小，就成为了正地形，其形态特征受砂体的分布影响。这类圈闭多为低幅度圈闭，由于它多分布在深湖、半深湖、半深海区域，直接与生油岩接触，油气充满度比较高。

（6）逆牵引背斜：是紧靠正断层下降盘出现的小型背斜，它的形态与正断层下降盘牵引作用形成的向斜形态正好相反，故称作"逆牵引背斜"[10]。其成因是正断层在拉张应力作用下，距断层面越近垂向滑动的位移越大，越远垂向位移越小，使得与断层倾向相同的地层发生弯曲，形成轴向与断层走向一致的小型低幅度背斜。因此，具有圈闭条件的逆牵引背斜只形成在正断层的上盘，并且存在于与断层倾向相同的地层中。虽然逆牵引背斜规模较小，但是由于地层和断层的配置关系比较巧妙，所以常常有油气富集。如果逆牵引背斜是伴随同沉积断层形成的，常称为"滚动背斜"。

三、背斜与油气的关系

背斜油气藏是地质学家最早认识的一种油气藏,19世纪中后期,美国地质学家 I. C. White 提出了"背斜油气"学说,为油气田的勘探开发起到了推动作用。背斜圈闭形态简单、封闭性好、规模大、发育普遍,背斜控制的油气田有相当一部分是大型、超大型油气田。到目前为止,世界上探明的背斜油气藏所蕴藏的地质储量仍居各类油气藏的地质储量的首位。据 J. D. Moody 等人统计的结果,背斜油藏控制的可采储量约占全球可采储量的75%。比如,美国的威明顿油田是一个北西—南东轴向的不对称背斜,北翼地层倾角为20°,南翼地层倾角为60°,油田长17.5km,宽4.8km,面积为60km²,累计油层有效厚度为30~150m,地质储量约11.8×10⁸t。我国的大庆长垣背斜也是一个超大型的油气田[13],背斜位于松辽盆地北部的中央凹陷区内,轴向北北东向,东翼地层倾角为2°~7°,西翼地层倾角为11°~18°,构造南北长145km,东西宽6~30km,构造面积为2472km²,含油面积为1418km²,地质储量十分可观。俄罗斯的巴夫雷油田是一个短轴背斜,轴向北东向,东南翼地层倾角为3.5°,西北翼地层倾角只有50′,面积为118km²,闭合高度为120m,油层厚度为15m,地质储量超过1×10⁸t。当然,在中国东部小型断陷湖盆中,小型背斜圈闭也占有相当大的比例。

第三节 山羊寨洞穴堆积、第四纪生物化石及岩墙特征

一、山羊寨奥陶纪碳酸盐岩地层特征

山羊寨在构造上属于柳江向斜的西翼,主要为灰白色白云质灰岩、隐晶质灰岩、条带状灰岩和生物碎屑灰岩,呈中厚层状,单层厚0.2~3m,属奥陶纪碳酸盐岩。常见燧石结核和条带,结核直径为2~3cm,条带厚1~2cm。地层中夹多条侵入岩岩脉。区内地层近于直立,根据测量,石灰岩地层走向为35°,倾向为305°,倾角大于80°,局部地层倒转。该地区明显经历过强烈的构造应力挤压,岩石破碎,裂缝发育。根据观察可知,主要有三组裂缝,一组为张裂缝,走向80°,近水平,垂直岩层面,密集发育,长5~10cm,宽0.3~0.5cm,宽度变化大,裂缝边缘不整齐,延伸距离短,一般不跨层,多被方解石充填,呈透镜状,中部宽,两端窄,这一组裂缝应该是平行于当时的最大主应力方向。第二组为应力释放缝,平行于岩层面或本身就是原来的岩层面(照片26),这一组垂直于当时的最大主应力。第三组是共轭剪裂缝,裂缝面平直,这一组只在局部发育,并不常见。第一组和第二组在本区发育,应该是同期形成的裂缝,是在水平压应力作用下形成的,第三组共轭剪裂缝形成时间较晚,是局部垂向应力作用下形成的。

二、山羊寨溶洞及洞穴堆积

山羊寨溶洞发育区位于山羊寨村南500m处。发育了大小不同,形态各异的溶洞,有水平溶洞、竖井式溶洞(照片26)和裂缝状溶洞。洞穴一般是沿原来固有的裂缝溶蚀形成,洞穴的形态受裂缝形态影响。大多数溶洞被第四纪的沉积物充填,洞穴堆积的特点是:以红色、土黄色黏土为主,夹杂有石灰岩碎块和钙质结核的团块,含有哺乳动物骨骼化石。山羊寨采石场保留比较完整的溶洞位于采石场底部,为水平洞穴,洞高1.5m左右,宽2.0m。化石堆积数量比较多的洞穴位于采石坑的中部,为一竖井式洞穴,已被破坏,但第四纪洞穴堆积仍有保留,沉积

物包括溶蚀残余黏土、重力角砾、化学沉积和地下河流砂砾石堆积等。地层岩性自上而下为[1]：

黄色粉砂质黏土：厚1m左右，含大量钙质结核，结核直径为3~5cm。见大量哺乳动物骨骼化石碎屑。

黄色—红黄色含碎石亚黏土：厚1.4m左右，含小炭屑，具水平层理。

红色、黄红色含碎石黏土层：厚1.5m，近水平层理，含大量炭屑（大者粒径2~3cm），中下部夹2~4cm厚的砂砾石透镜体，砾石成分以石灰岩岩块为主，粒径多为1~2cm。在砂砾石透镜体及上部地层中含丰富的哺乳动物化石。在本层顶部发掘出东北斑鹿的头骨及较完整的右角化石。化石的石化程度良好，其中支骨的中空部分充填发育良好的方解石晶体，化石与其他沉积物之间无钙质胶结。

石灰岩角砾、黏土层：厚0.5m左右，角砾粗大，一般粒径为20~30cm，大者粒径可达60~70cm，角砾间多被红黄色黏土充填。

奥陶系石灰岩：灰白色泥晶、亮晶灰岩，泥质条带灰岩；地层产状比较陡，裂隙发育。

三、动物化石

山羊寨洞穴中保存的动物化石主要为哺乳动物化石[1]，有阿曼鼢鼠（*Myospalax armandi*）、绒鼠（*Eothenomys sp.*）、卞氏鼠（*Mus musculus L.*）、罗氏高山䶄（*Alticola roylei Gray*）、岩松鼠（*Sciurotamias sp.*）、鬣狗（*Crocuta sp.*）、虎（*Panthera tigris*）、水獭（*Lutra sp.*）、马（*Equus sp.*）、东北狍（*Capreolus manchuricus*）、狍（*Capreolus sp.*）、更新獐（*HydroPotes inermis*）、麂子（*Muntiacus sp.*）、东北斑鹿（*Cerous manchuricus*）、黑氏上黑鹿（*Cerous hilsheimeri*）、鹿（*Cerous sp.*）、黑鹿（*Cerous*（*Rusa*）*sp.*）、羚羊（*Gazella sp.*）、短角水牛（*Bubalus breoieornis*）、水牛（*Bubalus sp.*）、翁氏麝鼩（*Crocidura*）、秦皇岛兔（*Lepus qinhuangdaoensis sp. Nov.*）等。还有鸟类和昆虫类的化石，鸟类有雉（*Phasianidae*）等[1]。

根据绝对年龄测定结果，这些生物群落生活的时间区间为0.18~0.2Ma前，即新生代第四纪更新世[16]。

秦皇岛山羊寨与北京周口店纬度相近，又与龙骨山海拔高度基本一致，而且洞穴都是背山临河，朝阳，所以山羊寨一带当时十分有利于古人类的生活。山羊寨洞穴堆积的哺乳动物化石密集，无分选，而且又破碎不完整，特别是巨大的犀牛骨骼堆积在狭窄裂隙之中，溶洞角砾堆积中又有3层碎骨屑堆积[16]，其中发现有个别炭粒以及疑似石器的石斧，这些都是古人类活动的线索，但是迄今为止尚未发现古人类化石及古人类遗迹，比如完整的石器、灰烬层等，需要进一步发掘、研究。

四、岩墙

在山羊寨采石坑内见两条侵入岩岩墙，岩墙沿奥陶系石灰岩顺层侵入（照片26）。

南侧一条走向为310°，倾向为220°，倾角为60°。岩脉明显由两期组成，下面一层厚1m左右，上面一层厚0.8m。由于风化严重，不太容易鉴定，初步分析认为下面一期可能为正长斑岩，呈浅肉红色，主要矿物成分为正长石，大部分已风化。上面一期为灰白色，可能为闪长玢岩，具斑状结构，斑晶主要为角闪石和斜长石。

另一条为辉绿岩岩墙，位于北侧，呈灰绿色，具细粒结构、辉绿结构，块状构造，厚0.8m，走向同地层走向一致，倾向为280°，倾角为85°，发育横向节理。

思 考 题

（1）简述侵入岩的分类以及描述方法。

（2）查阅资料，试总结岩浆的侵入作用以及成矿作用。

（3）结合背景资料，试分析秋子峪背斜的可能成因。

（4）通过山羊寨地层和裂缝产状的测量，分析地质时期的受力机制。

（5）分析花岗岩地貌的旅游开发价值，并说明国内具花岗岩地貌的著名旅游景区。

第八章 亮甲山碳酸盐岩及基性侵入岩

实习路线:石门寨镇西侧亮甲山路口—亮甲山采石场。

构造位置:柳江向斜东翼。

考察内容:(1)观察奥陶系亮甲山组和冶里组碳酸盐岩特征;

　　　　　　(2)观察基性岩床的侵入特征。

第一节　亮甲山组和冶里组碳酸盐岩特征

在亮甲山地区主要出露的是奥陶系下统。1919 年,地质学家叶良辅和刘季辰首先提出了"亮甲山灰岩";1922 年,德国地质学家马底幼在《直隶林榆县附近地质》中采用了"亮甲山灰岩"这一名称,同年,美国地质学家葛利普在《中国古生物志》中列出了"亮甲山灰岩";1959 年,全国第一次地层会议确定了"亮甲山组"地层。

一、亮甲山组碳酸盐岩特征

亮甲山组以厚层状灰岩和白云质灰岩为主,总厚度 118m 左右,化石丰富,有头足类、腹足类、腕足类、古杯类和介形虫等,其中头足类房角石和古杯海绵是本组地层的标准化石组合❶。地层走向为 355°,倾向为 265°,倾角为 23°。

亮甲山组的主要岩石类型有五种。

(1)砾屑灰岩:主要由内碎屑颗粒堆积而成。内碎屑颗粒多呈饼状,剖面上呈长条状(照片 27),长度一般为 1~4cm,最大可超过 5cm,厚度一般为 0.5~1.5cm,最厚可达 2cm。颗粒两端大部分有一定的磨圆,沿层面叠置分布,也有不规则棱角状的颗粒,为杂乱堆积的类型。内碎屑是高能产物,碳酸盐岩沉积之后,在半固结的条件下,大的风暴潮来临,使平静的浅海环境形成巨大的波浪,卷起海底半固结的碳酸盐岩,经过波浪的淘洗,再次沉积。因此有些专家将砾屑灰岩称为风暴岩,又称为角砾灰岩,内碎屑灰岩等。

(2)竹叶状灰岩:实际上也属于内碎屑灰岩,成因与砾屑灰岩一致,只是内碎屑颗粒经过磨圆后比较规则,剖面上大多呈竹叶状(照片 28)。

(3)泥质条带灰岩:灰黄色、浅黄色、灰色等,泥质条带与泥晶灰岩呈条带状互层(照片 27),二者厚度不等,单个条带单元的厚度为 2~20mm,多具水平纹理和波纹层理。泥质条带灰岩的成因有两种,一种是泥岩呈深灰色,水平纹理、页片状,这一类是在较深水体环境条件下沉积而成。另一种是在较浅的水体环境下形成,泥岩条带多呈土黄色,是由于洪水季节陆地上

❶ 周琦,李延平,方德庆,等.《秦皇岛地质认识实习教学指导书》讲义．大庆:大庆石油学院,2000.

供应的碎屑物数量增大造成的,泥质条带厚度大,并多发育波纹层理。

(4)燧石结核条带灰岩:燧石呈黑色、深灰色或灰白色,致密,坚硬。呈孤立的个体分布,或断续的条带分布,或连续的互层状分布,多沿层面分布。关于燧石的成因解释比较多,对于碳酸盐岩中的燧石条带或结核,认为与海底火山活动有关。由于火山喷发,附近海水中的SiO_2含量急剧增加,达到过饱和状态后,在适当条件下发生凝结沉淀而成❶。

(5)厚层泥晶灰岩:深灰色、厚层、块状、致密、均匀,基本上由隐晶质方解石组成。

二、冶里组碳酸盐岩特征

冶里组下部为比较纯的泥晶灰岩夹内碎屑灰岩、虫孔灰岩和生物碎屑灰岩,上部为灰色内碎屑灰岩夹黄绿色页岩。冶里组属于浅海相中对对比较平静的环境中形成(据秦皇岛柳江盆地地质遗迹省级自然保护区管理处,2002)。其地层走向为19°,倾向为289°,倾角为17°。

(1)泥晶灰岩:灰色、深灰色,致密,厚层状,滴稀盐酸起泡剧烈。岩石内部分布大量细小的方解石脉,方解石脉的宽度一般为1~3mm,长度为5~10cm,呈交织状。说明该处曾经受到构造应力的挤压,裂缝发育,后被方解石充填。

(2)生物碎屑灰岩:根据肉眼观察,在某些层段中含有大量的海绵骨针化石。如照片29所示,岩石呈灰色,层面上杂乱地分布大量海绵骨针化石,有呈针状的、十字形的,也有呈树枝状的,个体大小不一,最小的只有2mm,最大可达80mm,直径一般为1~3mm。

第二节 辉绿岩岩床及背斜构造的观察与测量

一、辉绿岩岩床特征

在亮甲山组地层中,分布一层厚度2m左右,顺层侵入的辉绿岩岩床(照片30),剖面上延伸长度大于200m。该岩床呈暗绿色,具中细粒结构、辉绿结构、似斑状结构,块状构造。主要成分为辉石和斜长石,辉石粒径为1~4mm,黑色,呈粒状、短柱状,含量为35%左右;斜长石则为灰白色,呈针状,颗粒长度为1~3mm,含量小于15%。不同地段岩石结构差别比较大,有些地段颗粒粗大,呈中粒结构,有些地段颗粒细小,呈细粒结构;斜长石的含量变化也比较大。该岩床属于浅成相的基性侵入岩。

二、冶里组地层中的平缓背斜构造

在采石坑东侧岩壁上,冶里组地层中可以看到一个平缓的背斜构造(图8-1),轴向为19°,东翼走向为17°,倾向为107°,倾角为16°;西翼走向为19°,倾向为289°,倾角为20°。背斜宽度为15m,隆起幅度为2m左右。

像这类隆起幅度低、面积小的背斜构造在油田常被称为微构造,微构造是油田开发后期剩余油富集的部位,是重点研究的对象。

---

❶ 何镜宇,余素玉.《沉积岩石学》讲义.武汉:武汉地质学院,1985.

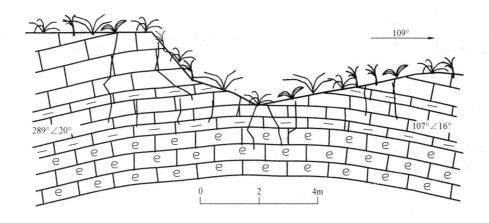

图 8 - 1　冶里组低幅度背斜构造

思　考　题

(1)查阅资料,试总结石灰岩的分类和成因。

(2)简述侵入岩的产状类型和特点。

(3)详细观察后,试总结亮甲山组和冶里组的区别。

(4)简述碳酸盐岩的描述方法。

(5)简述碳酸盐岩与油气集聚的关系,并说明目前国内有哪些油田是碳酸盐岩油藏。

第九章　柳江庄碎屑岩及辫状河砂体构型观察

实习路线:柳江庄村北小山山脚—山顶—对面山坡。

构造位置:柳江向斜东翼。

考察内容:(1)观察河流相砂岩的特征和矿物组成,并对岩石进行命名;

(2)详细观察辫状河砂体的沉积构造、内部构型;

(3)通过板状交错层理的产状测量分析古水流的方向;

(4)通过观察,分析辫状河的纵向序列。

第一节　观察河流相砂岩的特征

柳江庄村北小山出露了巨厚层的砾岩、含砾砂岩和砂岩。该砂砾岩为二叠系下石盒子组[①],为一套典型的河流相沉积砂砾岩,其中砾岩、含砾砂岩、粗砂岩所占比例比较高。其地层走向为40°,倾向为310°,倾角为25°。

一、岩石类型

砾岩:砾岩在下石盒子组地层中所占比例比较高,单层厚度一般小于0.5m,多分布在河道底部;砾石直径一般为10mm左右,最大可达40mm(照片31);砾石颗粒主要为石英、长石和岩屑,呈棱角、次棱角和次圆状,分选差,大小混杂。颗粒呈定向排列,扁平面多沿层面分布。内部发育块状构造、粒序层理和不太清晰的槽状交错层理。

含砾砂岩:多分布在河道砂体的中下部,在砾岩层上部(照片31)。分选差,磨圆度为次棱角到次圆状。发育平缓的板状交错层理和槽状交错层理。

粗砂岩:矿物成分中,石英含量为42%,长石含量为40%左右,岩屑含量为10%~15%,杂基含量为5%~8%,为长石砂岩、岩屑质长石砂岩;磨圆度为次圆到次棱角状,分选中等到差;表面岩石中的正长石多被风化为高岭土;发育板状交错层理。

中砂岩:主要矿物为石英,含量为50%左右,长石含量为35%左右,岩屑含量为10%,杂基含量为5%~8%,为长石砂岩;发育板状交错层理(照片32)。

粉砂岩:分布较少,主要出现在河道单元的顶部(照片33);分选中等到差,发育波纹层理和水平层理。

泥岩:该区比较少见,但在厚层砂岩的顶部或某些砂岩层段之间夹有厚度比较薄的泥岩层(照片33),厚度一般小于1m。多呈紫红色和黄色,具水平纹理,泥岩不纯,多与泥质粉砂岩和粉砂岩互层。泥岩多属于辫状河体系中的河漫滩沉积。

---

① 周琦,李延平,方德庆,等.《秦皇岛地质认识实习教学指导书》讲义.大庆:大庆石油学院,2000.

二、沉积构造

冲刷构造:这套砂体中分布着规模大小不等的冲刷构造(照片31),一般出现在砾岩底部或含砾砂岩的底部。

块状构造:主要发育在砾岩层段中,大小混杂,分选差,不显层理,呈中厚层块状构造(照片31),厚度一般为 20~30cm。

正粒序层理:主要发育在砾岩、含砾砂岩层段;厚度一般为 20~30cm。

槽状交错层理:主要发育在含砾砂岩中,以宽缓的槽状交错层理为主;厚度一般为30~50cm。

板状交错层理:主要发育在粗砂岩和中砂岩中(照片32);纹层组的厚度为 10~20cm,纹层厚度 5~10mm,纹层与纹层组界面的夹角 12~15°。通常情况下,纹层与纹层组界面的夹角越大,水流能量越强。纹层倾向为170°,说明当时的水流方向是由北向南。

波纹层理:主要发育在粉砂岩、泥质粉砂岩中,规模小,厚度薄。

水平纹理:主要发育在泥岩中(照片33),纹理厚度薄,一般为 3~5mm。

第二节　辫状河砂体内部构型观察

辫状河发育在坡降相对较大的背景下,粒度较粗。辫状河的特点是在整个宽阔的河床内发育有许多被沙坝分开的河道,河道宽而浅,时分时合,频繁迁移,游荡不定。

发育完整的河道单元一般包括4个沉积单元:底部高能滞留单元、下部河道充填单元、中部加积的沙坝单元、顶部洪水消退单元,这4个单元构成了一个完整的正递变旋回(图9-1)。由于受季节性洪水的影响,辫状河道频繁的改道,纵向上往往是由多期辫状河道单元构成的河道复合体,后期的河道单元冲刷早期的河道单元,多期河道单元叠置在一起。由于受冲刷作用的影响,有些河道单元只保留了两个沉积单元[图9-1(c)],冲刷作用更严重时,有些只保留了底部一个高能滞留单元,当然,这种类型往往不太容易划分出各自的期次。

底部高能滞留单元:通常厚度为 0.1~0.3m,一般为砾岩(照片31),含有较多的泥砾团块和岩块;块状构造、正粒序层理,底面为冲刷构造;分选差,磨圆度低,多呈棱角、次棱角状。

下部河道充填单元:通常厚度为 0.2~0.5m,一般为含砾粗砂岩、粗砂岩(照片31),具槽状交错层理;分选较差,磨圆度为次棱角、次圆状。

中部砂坝加积单元:厚度一般为 1.0~5.0m,为粗砂岩、中砂岩,发育板状交错层理(照片32);分选中等,磨圆度为次圆到次棱角状。

顶部洪水消退单元:一般厚度为 0.5~2.0m,是洪水末期随着洪水能量的下降,沙坝生长,坝顶水深降低,能量降低,沉积了粉砂岩、泥质粉砂和泥岩等细粒沉积物,发育水平层理(照片33)、波纹层理、波纹爬升层理;多以夹层的形式出现,分布在上一期沙坝顶部,后一期河道滞留单元冲刷面以下。

由于受洪水和枯水期交替以及河道摆动等因素的影响,在露头中存在不同的河道单元相互叠置的关系(图9-1)。

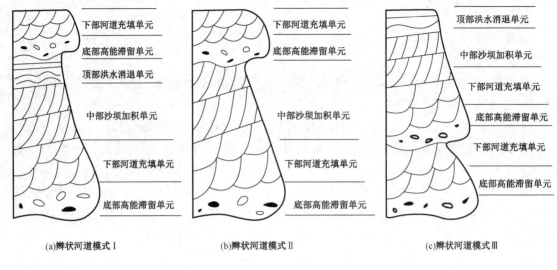

(a)辫状河道模式Ⅰ   (b)辫状河道模式Ⅱ   (c)辫状河道模式Ⅲ

图9-1　辫状河道沉积模式图

（1）底部高能滞留单元—下部河道充填单元—中部沙坝加积单元—顶部洪水消退单元—底部高能滞留单元—下部河道充填单元：这一类型实际上是在一期完整河道之上叠置了另一期河道［图9-1（a）］，河道之间分布一层厚度不等的细碎屑沉积物，不同期次之间的河道单元在垂向上是不连通的。该类型表明沉积基准面比较稳定，但有小幅度上升，在沉积过程中冲刷作用比较弱，每一期的河道单元保存比较完整，每一期都是完整的正韵律，从冲刷面开始，由砾岩、粗砂岩、中砂岩到细砂岩、粉砂岩、泥岩，沉积构造由块状、槽状交错层理到板状交错层理、波纹爬升层理、波纹层理、水平层理。

（2）底部高能滞留单元—下部河道充填单元—中部沙坝加积单元—底部高能滞留单元—下部河道充填单元：这一类型是由于季节性洪水使河道堵塞，越过沙坝，形成新的河道，后期的河道冲刷早期沉积，并与其叠置，下部三个单元为过渡接触，连通性好。两个河道单元之间存在一冲刷面，冲刷面上分布大量泥砾，为低渗透界面。这一模式沉积时沉积基准面相对比较稳定，冲刷、沉积作用主要受季节性的洪水控制，每一期小旋回都是从冲刷面开始，由砾岩逐渐过渡到中砂岩，由块状构造、槽状交错层理到板状层理［图9-1（b）］。

（3）底部高能滞留单元—下部河道充填单元—底部高能滞留单元—下部河道充填单元—中部沙坝加积单元—顶部洪水消退单元：多发育在河道形成的早期，地势比较陡，水流能量强。由于洪水、枯水季节交替的影响，后期的河道单元冲刷早期的河道单元，多期河道单元叠置在一起。不同河道单元之间一般存在一个不渗透或低渗透的泥砾岩隔挡层。冲刷作用的强弱与沉积基准面的升降幅度有关，与洪水规模有关。这一类型表明沉积基准面相对比较稳定，冲刷作用比较强，后一个洪水期把上一个洪水末期和枯水期的沉积物较多的被冲刷，只保留了河道下部高能滞留单元和充填单元的沉积物［图9-1（c）］。

照片34所示为其中一处的露头，明显可以划分出6期河道单元。图9-2是通过观察而总结出的纵向序列图。

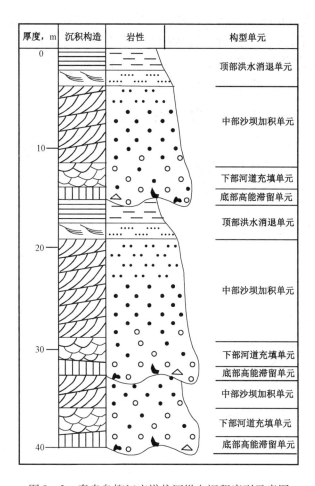

厚度，m	沉积构造	岩性	构型单元

图9-2　秦皇岛柳江庄辫状河纵向沉积序列示意图

第三节　辫状河沉积体系与油气聚集

辫状河沉积体系砂体发育，厚度大，粒度较粗，分选好，物性好，是良好的油气储集层。河道砂体的厚度一般为20～30m，宽度可达数千米到十多千米，延伸长度可达数十千米至数百千米，孔隙度可达30%，渗透率可达$1.5\mu m^2$。辫状河道砂体往往是多期反复叠置，单井的累计厚度可达上百米。辫状河沉积体系一般距油源比较远，区域上发育的大断裂通常充当运移通道。沉积体系中细碎屑的泥质沉积厚度薄，形状不规则，横向上不连续，所占的比例显著低于砂和砾，这和曲流河沉积体系形成了鲜明的对比，因此其盖层不发育，区域上的不整合面，或发生区域上的沉积基准面下降，大面积的洪泛沉积往往会成为比较好的盖层。辫状河沉积体系形成的油藏多为不整合遮挡油气藏、断层油气藏和背斜油气藏。

松辽盆地的长垣构造北部地区广泛发育砂质辫状河[13]。其岩性以砾、砂为主，含少量粉砂。河道断面宽而浅，多个心滩相互连接。河道多次下切，累计厚度大。单个河道砂体厚6～10m，宽1500～2500m。

渤海湾盆地孤岛油田新生界新近系馆陶组馆上段5、6砂层组是比较典型的砂质辫状河油藏[14]。以细砂岩为主，含中砂和粗砂，底部见细砾。发育槽状交错层理、板状交错层理。纵向上呈厚层块状,单砂体厚 10m,测井曲线呈箱状。其孔隙度为 32.8%,渗透率为 2.1μm^2。

辫状河沉积体系中,河道位于宽阔的河谷中,河道占据了河谷的大部分宽度,只有范围比较窄的河漫滩,枯水期河漫滩在水面以上,洪水期被河水淹没,长期处于不稳定的状态,因此辫状河沉积体系中沼泽不发育,通常无大面积的煤聚集。

思 考 题

(1)请单独测量一个完整的地层剖面,分析说明纵向上粒度变化规律。

(2)判断河流相砂体的主要标志有哪些?

(3)请任选一个位置,划分出构型单元,分析说明构型单元间的叠置关系。

(4)试总结砂岩的命名方法。

(5)通过沉积构造的观察和测量,分析说明水流方向。

第十章　鸡冠山滨浅海砂岩及构造特征观察

实习路线:八岭沟村北—鸡冠山顶—汤河河谷。
构造位置:柳江盆地南部边缘。
考察内容:(1)观察新太古界花岗片麻岩岩石特征;
　　　　　　(2)详细观察海相沉积地层的特征;
　　　　　　(3)观察、描述沉积岩中的各类沉积构造;
　　　　　　(4)观察地层之间的接触关系、断层、地堑等地质构造现象;
　　　　　　(5)观察并分析裂缝与断层之间的关系。

第一节　新太古界花岗片麻岩特征

站在八岭沟村附近的省道 S251 公路上,向西北方向眺望,可以看到一座山,山顶为层状岩石,自东北向西南缓缓降低,状似鸡冠,故得名鸡冠山。站在山脚下观看,山顶生长的是草本植物和灌木,下部山坡以乔木和灌木为主,说明上下岩石类型不同,抗风化能力不同,风化产物也不同。

自山脚沿上山的小路前行,首先遇到的岩石是浅肉红色花岗片麻岩,风化比较严重,中粗粒、半自形粒状结构,具块状构造、片麻状构造。其矿物成分主要为正长石,含量为48%左右,斜长石含量为23%左右,石英含量为25%,其他矿物有黑云母、角闪石和磁铁矿等。内部见不同方向的正长伟晶岩岩脉交错穿插(照片35)。岩体中主要发育两组节理,根据山脚下剖面测量,一组走向为325°,倾向为55°,倾角为66°;另一组走向为34°,倾向为124°,倾角为67°。山顶不整合面下部分布的是灰白色花岗片麻岩,风化严重。花岗结构,中粒,具弱片麻状构造、块状构造。石英含量为35%,斜长石含量为35%,正长石含量为25%,黑云母含量为5%。石英为他形晶,颗粒直径为 2~4mm;斜长石为自形—他形晶,颗粒直径为 3~5mm;正长石为自形—他形晶,颗粒直径为2~4mm,多被风化为高岭土;黑云母呈鳞片状,颗粒直径一般小于1mm。根据河北省地矿局同位素测量结果●,同位素年龄为 2486~2552Ma,即形成于新太古代。

第二节　海相沉积岩岩石特征

鸡冠山山顶出露的是一套新元古代滨浅海沉积地层,也是秦皇岛地区最古老的沉积岩——长龙山组。其主要岩性为中厚层含砾砂岩、海绿石石英砂岩夹薄层泥岩,地层保存比较完整,沉积构造类型丰富。

● 中国地质大学(北京).《北戴河地质认识实习指导书》讲义.北京:中国地质大学(北京),2001.

一、岩石类型

砾岩:主要分布在长龙山组底部,厚0.2~0.3m;新鲜面颜色为灰白色,风化面呈黄褐色,砾石直径0.5~1.5cm,磨圆度比较高,呈次圆到圆状,主要为石英和正长石颗粒;发育正粒序层理。

含砾石英砂岩:白色、灰白色;砾石直径一般为2~4mm,不同层段中砾石含量变化比较大;砾石主要为石英颗粒,石英含量占颗粒的95%以上;分选较好,磨圆度为圆状到次圆状。

粗粒石英砂岩:白色、灰白色;石英含量占颗粒的95%以上;分选好,磨圆度高;可见海绿石矿物。

海绿石石英中砂岩、细砂岩、粉砂岩:包括中砂岩、细砂岩和粉砂岩;绿色、浅绿色;不同层段中均可见海绿石矿物,但含量变化大,一般为5%~20%,海绿石呈细小颗粒或浸染状分布于石英颗粒之间,以填隙物的形式存在,其含量一般随着岩性变细而增加;发育波纹层理、波状交错层理、槽状交错层理、楔状交错层理、板状交错层理等。

泥岩:灰绿色、黄褐色,一般以薄层状夹在砂岩中,厚10~50cm;发育波纹层理、水平纹理,纹层中可见比较多的白云母。

二、沉积构造类型

由于受波浪和潮汐水流的作用,这套海相地层的沉积构造类型丰富多样。

槽状交错层理:多发育在粗粒石英砂岩和中粒海绿石石英砂岩中,纹理厚0.5~1.0cm,纹层组厚10~25cm。滨浅海的槽状交错层理一般发育于上临滨和潮汐水道中,同普通河流砂体中的槽状交错层理相比,该处的交错层理不是很规则,中间夹一些似波状的层理(照片36),有时槽状纹层呈宽缓波状。

板状交错层理:主要发育在中粒、细粒海绿石石英砂岩中。纹理厚0.3~1.0cm,纹层组厚15~30cm,纹层倾角比较缓,纹层变化大,相邻纹层组中纹层倾角有时相差一倍以上(照片37),有时显示出波浪状。

楔状交错层理:一般发育在粗粒、中粒海绿石石英砂岩中;纹理厚0.3~0.8cm,纹层组厚10~20cm,纹层组相互交切(照片38),不同纹层组间的纹层方向甚至相反。

羽状交错层理:一般发育在粗砂岩、中砂岩中。在两个相邻的纹层组中,纹层倾向相反,状似羽毛(照片39),有些专家将这种层理也称作双向交错层理、青鱼刺层理;纹理厚0.5~1.5cm,纹层组厚10~30cm,纹层与纹层组界面的夹角为13°~18°。

波状交错层理:主要发育在细粒海绿石石英砂岩中(照片40);纹理厚0.3~0.5cm,纹层组厚5~10cm。

波状层理:波纹层理是波浪作用的结果,长龙山组地层中的波纹层理主要发育在海绿石石英粉砂岩中(照片41),纹层厚0.3~0.8cm;波痕的波长为10~18cm,波高为2~5cm,波长波高比较大,属于大型波浪作用的结果。

透镜状层理、脉状层理:这两类层理一般发育在粉砂岩、泥质粉砂岩和泥岩互层中,与波状层理伴生(照片41);当泥质含量高、砂含量少时表现为透镜状层理,当砂多泥少时表现为脉状层理,砂多分布在波峰处,泥多分布在波谷处。

大型波痕:在长龙山石英砂岩的层面上波痕十分发育,多为大型波痕,鸡冠山山顶发育的波痕最典型;岩性为灰绿色海绿石石英砂岩,海绿石含量为3%~5%;见砾石,直径3~4mm,

磨圆度为次圆状,分选中等;波峰尖锐,波谷平缓,波峰不对称(照片42),波长为30～42cm,波高为3.5～6.5cm,波峰走向为81°,陡坡倾向为345°,倾角为26°,缓坡倾向为166°,倾角为16°;通过波痕可以判断该段的古海岸线的延伸方向大致为81°,波浪运动方向345°,即北边为陆地,南边为海洋。

水平层理:主要发育在灰绿色泥岩(照片43)、粉砂质泥岩和泥质粉砂岩中(照片44),纹理厚0.3～1.0cm。

冲刷构造:主要发育在砾岩、含砾砂岩、粗砂岩的底部,冲刷面上下可以是砾岩—泥岩,含砾砂岩—泥岩,也可以是含砾砂岩—砂岩之间的接触面;照片43所示为含砾砂岩与水平纹层泥岩的接触面,冲刷面起伏不平,冲刷关系明显,这是潮汐水道的重要标志;照片45所示为砾岩与古风化壳之间的冲刷接触关系,这是后滨带波浪冲刷形成的结果。

冲洗交错层理:在滨海的前滨地带上部,地势较陡,并向海倾斜,波浪在这里已经变成冲流,水流在极浅的岸线变成面状水流往返冲洗,冲流速度大于回流速度,每次的向岸冲流都会沉积一层薄薄的砂层,并携带有砾,加积在向海倾斜的前滨带上部,层层叠加从而形成具有前滨带特有的低角度冲洗交错层理(图10-1)。由于受海平面升降的影响,海滩陡缓变化,冲洗交错层理有多种组合形式。A型是由于海滩变缓,遭后期冲流的冲刷,再次沉积而形成;B型是由于海滩抬升、变陡,后期形成的冲流层理逐步超覆叠置而成;C型的斜坡较陡,但回流冲刷能力比较强,下部层被冲刷;D型的海滩不稳定,水流变化大,冲流能力变化大。照片46所示为粗粒石英砂岩和含砾粗砂岩,发育冲洗交错层理,纹层厚5～10mm,纹层与纹层组的夹角为8°～10°。冲洗交错层理纹层厚度大,沉积物粒度粗,当时的水流能量比较强。

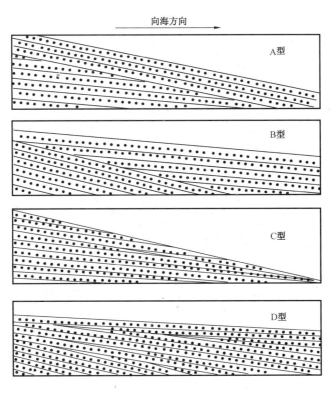

图10-1 前滨带冲洗交错层理[6][8]

双黏土层和单黏土层:黏土层是潮汐周期性活动的结果,在潮汐活动期和静止期周期性交替的影响下,涨潮期沉积的砂层和退潮期沉积的砂层分别被平潮期和停潮期沉积的两个黏土层隔开,即双黏土层[8]。两个黏土层之间夹的薄层砂代表了退潮期间沉积的砂层,厚层砂是涨潮期沉积的砂层。由于冲刷作用,只保留了停潮期的黏土层,称为单黏土层[8]。照片47是长龙山组中粒石英砂岩中发育的多组双黏土层,黏土层呈缓倾斜的反"S"型。黏土层厚度一般为2~3mm,沿纹层面分布,每组双黏土层内的间隔厚度为5~10mm,每组双黏土层之间的间隔厚度3~8cm。

潮汐束状体:在潮汐沉积体中两组相邻的双黏土层所隔开的前积纹层组称为潮汐束状体[8],一个束状体代表了一次潮汐活动周期。照片47所示的潮汐束状体发育于中粒石英砂岩中,中部呈上凸状,底部呈凹形与地层界面相交,夹角15°~25°。束状体厚3~8cm,其厚度的变化反映了大潮和小潮周期的变化。

第三节　构　造　观　察

一、角度不整合

新元古界长龙山组地层直接覆盖在新太古界花岗片麻岩之上(图10-2),二者为角度不整合接触关系(照片45)。

新元古界长龙山组地层沉积之前,该地区长期处于剥蚀状态,持续了大约1500Ma,出露的地层为新太古界花岗片麻岩。区域上,由于长期遭受风化,正长石、斜长石已转化为高岭土,风化面呈灰白色、灰绿色。残积层厚0.1~0.3m,结构疏松,含有少量的石英砾石颗粒。风化面上部的长龙山组为砾岩,砾石来自于下部花岗片麻岩的风化物,主要为石英和正长石颗粒,砾石直径为0.5~1.5cm,磨圆度为次圆到圆状,发育正粒序层理,底部为冲刷构造。

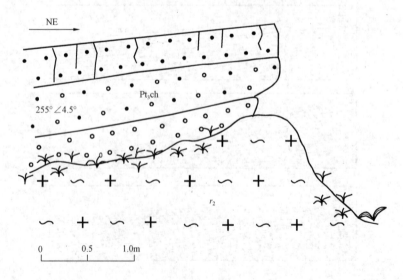

图10-2　新元古界长龙山组与新太古界花岗片麻岩角度不整合接触关系示意图

二、小型正断层

鸡冠山地区断层发育,有正断层、逆断层、平移断层,规模有大有小。在鸡冠山中部的台阶处发育了一条小型的正断层(照片48)。上下盘中均可以追踪到厚度10cm左右的灰白色泥质粉砂岩,将这一层作为标准层,判断该断层为正断层,断层走向为151°,倾向为241°,倾角为48°,断距为0.5m。断层面上有擦痕和断层角砾发育,角砾主要为破碎的砂岩和泥质粉砂岩,颗粒最大直径为5cm,断层上段破碎带宽40cm,下段宽15cm,向下逐渐消失。断层上下盘有轻微的正牵引现象,断层上下盘均发育有高角度的剪性裂缝(图10-3),上盘裂缝密度大,规模大,是正断层的伴生缝。

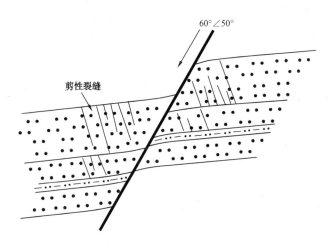

图10-3 与正断层伴生的裂缝

三、断层擦痕、阶步

擦痕是断层两盘的地层相对运动时在断层面上因摩擦留下的痕迹。断面擦痕通常成平行的断续条痕,通过擦痕可以判断断层的性质。在断层面上通常也可以见到沿擦痕延伸方向上,擦痕常被垂直它们的小陡坎中断,这些小陡坎被称为断层阶步。坎高一般几毫米,它是顺擦痕方向局部阻力的差异或因断层间歇性运动顿挫而形成的。阶步的陡坎一般面向对盘的运动方向[17]。

在断层面形成初期产生的小陡坎都属于反阶步,随着断层两盘的相对错动,初始形成的反阶步大都被磨失,保留在断层面的陡坎主要是断层发育晚期形成的正阶步。一般来说,正阶步的眉峰常常呈弧形弯转,而反阶步的眉峰常常呈棱角状直切[17]。

照片49所示的断面上发育了密集的近水平方向擦痕,说明该断层为平移断层。擦痕槽深1.0~2.0mm,槽宽0.5~3.0cm。该处发育了5~10个阶步,阶步陡坎高3~10mm,应该为反阶步。阶步的陡坎指向右侧,表明对盘是向右侧运动(面对断面,靠近观察者一盘),该断层为左行平移断层。断层走向为135°~156°,断面直立。根据观察,断层派生的裂缝十分发育,主要为近直立的张剪性裂缝,裂缝走向为77°~85°,与断面近直交(图10-4),裂缝延伸长度为1~10m,靠近断层一侧裂缝宽度大,远离断层一侧裂缝变窄,直至消失,裂缝密度为9条/m。

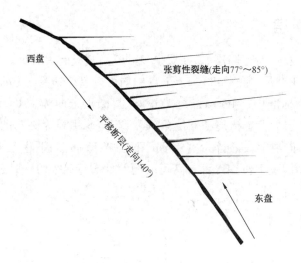

图 10 – 4　平移断层派生的裂缝

　　平移断层可按照两盘相对平移的方向划分为左行(或左旋)和右行(或右旋),按照逆时针方向旋转为左旋,按照顺时针方向旋转为右旋。另外也可以采用另外一种方法判断是左旋还是右旋,站在一盘上,面对断层面,对面盘如果是向左侧滑动,就是左旋,如果是向右侧滑动就是右旋。

四、小型正花状构造

　　在通往山顶的山路西侧,有一处地层比较凌乱,发育了三条规模比较小的逆断层,断层切穿了基底花岗片麻岩(照片 50)。南侧断层断距为 1.5m(照片 50 中断层 1),断层走向为110°,倾向为 20°,倾角为 70°。中间断层断距为 0.5m(照片中断层 2),走向为 110°,倾向为20°,倾角为 78°。北侧断层断距为 1.4m(照片中断层 3),断层走向为 120°,倾向为 210°,倾角70°~85°。这三条断层实际上是一个正花状断层组合。

　　该处在不到 10m 的宽度范围内发育三条断层,再加上下岩性差别大,发育的裂缝类型十分复杂,南侧逆断层的断距较大,两侧裂缝发育,下盘岩性为石英砂岩,发育与逆断层近于平行的剪裂缝(照片 50),上盘的上部为石英砂岩,下部为半风化的花岗片麻岩,在花岗片麻岩中发育一组"X"形共轭剪裂缝(图 10 –5),这组剪裂缝可能与局部应力作用有关。

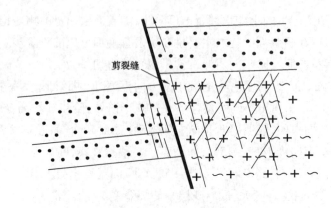

图 10 – 5　与逆断层伴生的裂缝

五、地堑构造

站在鸡冠山山顶向西北方向望去,是西侧的大平台和汤河河谷,鸡冠山一侧是高差为80~100m的悬崖,为一正断层(图10-6中的F4断层),走向为70°左右;站在悬崖旁边向下看,从悬崖到河谷底部还有一个台阶,该台阶距河谷底部的高差为30~40m,台阶的外沿也是一条断层(F3),其走向为45°左右,断面近直立。河谷对面的大平台明显可以看到两个悬崖(照片51),目测两个悬崖壁的高差分别为40m和50m,为两条断层(图中的F1、F2断层),西侧断层(F1)的走向为53°左右,断面横向上弯曲呈不规则的"S"形,断面近直立;靠近东侧的断层(F2)的走向为45°左右,断面平直。大平台的地层近于水平,与鸡冠山基本一致,上部为长龙山组石英砂岩,基底为新太古界花岗片麻岩,谷底为第四纪的河床沉积。

这四条断层的走向均为北东向,又相对而掉,形成了一个地堑(图10-6),汤河沿地堑的最低处流出柳江盆地。

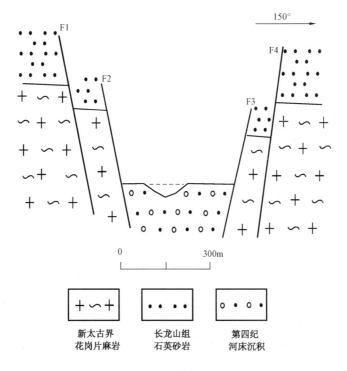

图 10-6　汤河地堑示意图

六、剪切带

鸡冠山的长龙山组砂岩中见一条剪切带(照片52)。根据 B. E. 霍布斯的定义,剪切带是岩层有断层状位移但没有明显断开,岩石呈塑性剪切的变形。该剪切带的走向为120°,倾向为30°,倾角为76°。其扭动距离为5~10cm,似断非断,大部分层没有明显断开(图10-6)。断层剪切带两侧发育比较密集的裂缝(图10-7,照片53),裂缝与断层斜交,夹角为30°左右,裂缝密度为10条/10cm,延伸长度变化大,短的为10cm,长的达2m。

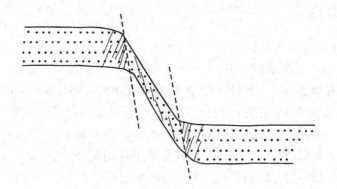

图 10 – 7　剪切带及伴生的裂缝示意图

第四节　断层的描述及其与油气聚集的关系

断层是岩石破裂后有显著位移的断裂构造,是节理、裂缝进一步发展的结果。断层的规模有大有小,位移小的只有几厘米,大的可达数十千米甚至上百千米。

断层的描述包括断面的产状、断层性质、断距大小等几何要素以及断层的组合关系的描述。

断面的产状包括其走向、倾向、倾角。有时断层不一定是一个面,可能是由许多破裂面组成的断裂带。

根据断层的性质可将其划分为正断层、逆断层、平移断层(走滑断层)。根据断层与地层的产状关系可将其划分为走向断层(断层走向与地层走向一致)、倾向断层(断层走向与地层倾向一致)、斜向断层(断层走向与地层走向斜交)和顺层断层。

在区域构造应力作用下,断层的产生一般都是成群出现的,而且有一定的组合形态,剖面上常见的有地堑状、地垒状、叠瓦状、阶梯状、犁状、马尾状、"Y"形、"X"形、正花状和负花状等形式(图 10 – 8)。平面上有平行分布式、斜交式、截切式、限制式、分枝式和放射式等(图 10 – 9)。不同的组合形式反映了形成时应力场的性质和构造应力作用的期次。

断层对油气藏的形成具有三方面的作用,一方面,断层切割地层,破坏了地层的连续性,造成油气散失;另一方面,断层是油气运移期的通道,为油气藏的聚集提供通道;第三方面,断层遮挡可以形成圈闭,聚集油气,形成断层遮挡油气藏。形成断层遮挡油气藏的基本条件是要有断层圈闭,形成有效的断层圈闭要具备两方面的条件,一是断层能与地层配合构成圈闭,第二是断层具有封闭性。

断层圈闭有 8 种形式:

(1)一条断层在鼻状构造上倾方向横切鼻状构造形成的圈闭[10][图 10 – 10(a)];

(2)一条弯曲的断层(向地层下倾方向弯曲),与单斜地层相切形成的圈闭[图 10 – 10(b)];

(3)由两条或多条相互交切的断层在储集层上倾方向遮挡形成的圈闭[图 10 – 10(c)];

(4)由几条断层从四周将一地层切割成一个孤立断块形成的圈闭[图 10 – 10(d)];

(5)单斜地层,储层的上倾方向岩性尖灭或不整合面遮挡,两侧由断层封闭形成的圈闭[图 10 – 10(e)];

（6）单斜地层，储层的上倾方向和一侧地层尖灭，另一侧被断层封闭形成的圈闭［图 10 – 10(f)］；

（7）单斜地层，上倾方向由一条断层遮挡，向两侧和下倾方向岩性尖灭形成的圈闭［图 10 – 10(g)］；

（8）单斜地层，上倾方向由一条断层遮挡，两侧岩性尖灭形成的圈闭［图 10 – 10(h)］。

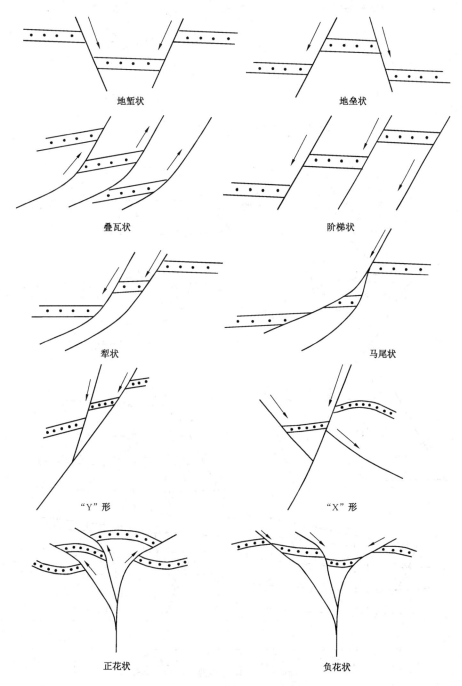

图 10 – 8　断层剖面上常见的组合形式

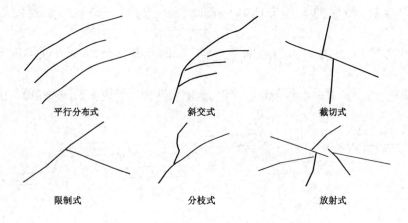

平行分布式　　　　　斜交式　　　　　截切式

限制式　　　　　分枝式　　　　　放射式

图 10 - 9　断层平面上常见的组合形式

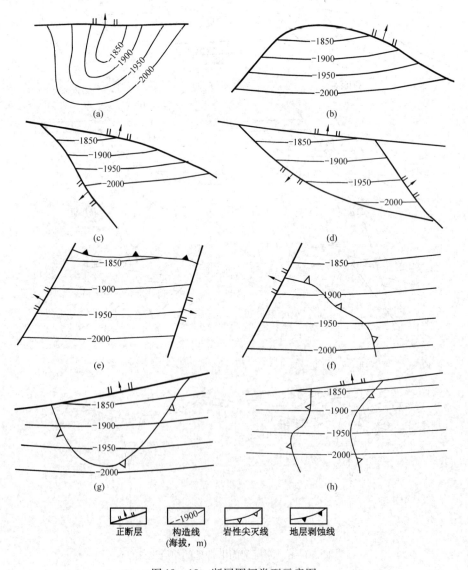

图 10 - 10　断层圈闭类型示意图

断层的封闭性受多种因素影响,概括起来有5个方面:

(1)与断距大小有关:一般情况下,断距越大,封闭性越好。但也不完全如此,根据 Lindsay 等人的研究结果,泥岩涂抹系数小于4时,即断距小于泥岩厚的4倍,沿断面一般可以形成连续的泥岩玷污带[10],封闭性好,断距大于泥岩厚度的4倍时,封闭性会变差。有

$$SSF = L/H$$

式中,SSF 为涂抹系数;L 为断距;H 为被断开的泥岩厚度。

(2)与断层的倾角大小有关:通常情况下,断层越缓,断层面上所受的上覆地层重量产生的正应力就越大,断面的封闭性就会越好;反之,断层越陡,封闭性就会变得越差。

(3)与断层两侧的岩性有关:断层一侧的渗透性岩层与另一侧的非渗透性岩层对接,特别是与泥岩对接时,往往封闭性好;如果断层两侧渗透性岩层直接接触,往往封闭性差。

(4)与断层性质和发育史有关:通常情况下,逆断层的封闭性好于正断层,同生断层的封闭性一般好于后期生成的断层。断层演化过程中,正断层反转为逆断层,往往封闭性变好,逆断层反转为正断层,封闭性往往会变差。

(5)与断层面上的岩脉充填作用有关:早期断层不封闭,是地下水的循环通道,地下水循环过程中,矿物沿断层面结晶,形成岩脉(照片54),封堵两侧的岩性,封闭性会变好。

(6)与断层的年龄有关,一般情况下,老断层的封闭性好,新断层的封闭性差。

第五节　滨海砂体沉积单元

长龙山组沉积之前,秦皇岛地区的基岩是花岗片麻岩,所以长龙山组沉积时期在该区是砂砾质海岸背景。根据沉积物特征和背景分析,秦皇岛地区属于比较开阔的滨海环境,具有浪控型滨海环境的特征,但是由于其坡降小,水体浅,在下临滨亚带到浅海的过渡带上又发育有小型的潮汐水道。根据露头观察结果,可划分出后滨、前滨、临滨和过渡带四个相带,并进一步划分为7种沉积单元,即后滨海滩脊、前滨沙滩、上临滨沙坝、中临滨沙坝、下临滨沙滩、过渡带泥滩和潮汐水道。

(1)后滨海滩脊:纵向分布于长龙山组底部,不整合面之上(照片45),厚0.2~0.5m;主要为砾岩和含砾砂岩,砾石直径为0.5~1.5cm,砾石主要为石英、正长石和斜长石颗粒,磨圆度为次圆状,正递变层理,底部为冲刷构造;特大潮时海水淹没,退潮时露出水面;受地貌和地势的影响,这套砾岩横向上不稳定,呈透镜状分布,长轴方向大致平行海岸线。

(2)前滨沙滩:以含砾砂岩、中、粗粒石英砂岩为主,厚2~3m,发育冲洗交错层理(照片46),单层厚度为14~30cm;前滨位于高潮线与低潮线之间,地貌上有一定的坡降,海浪表现为冲浪,不断冲洗海滩,砂、砾往返运动,颗粒的磨圆度高,几乎不含泥质,一般情况下粗碎屑颗粒被波浪推到波浪所及的海滩最远处,较细的颗粒被回流的波浪带回前滨下部;由于不同时期潮汐大小的变化,波浪能够波及的最远距离也是反复变化的,因此在剖面上出现粗细颗粒的反复交替。

(3)上临滨沙坝:同前滨沉积砂体相比,临滨沉积物中海绿石含量增加,岩性变细;由于受地貌和水流的影响,在某些部位形成了以粗粒海绿石石英砂岩为主的沙坝;沙坝在剖面上呈底平顶凸的透镜状,坝的长轴平行海岸线;发育槽状交错层理、楔状交错层理(照片55),底部常见冲刷构造;分选好,磨圆度高;厚度变化比较大,单层厚度一般为0.5~2.0m。

（4）中临滨沙坝：灰白色、灰绿色，中、细粒海绿石石英砂岩，石英含量达95%，含海绿石，呈浸染状分布在石英颗粒之间；分选好，磨圆度呈次圆到圆状；呈中厚层状，发育板状交错层理（照片37）。

（5）下临滨沙滩：灰绿色海绿石石英粉砂岩、泥质粉砂岩，海绿石含量为10%～25%，局部最高可达30%以上，海绿石呈颗粒状或浸染状分布在石英颗粒之间。发育宽缓的波状层理（照片56）、波状交错层理（照片40）。纹理厚3～5mm。下临滨砂岩的单层的厚度为0.3～0.5cm，横向上分布稳定。

（6）过渡带泥滩：灰绿色、黄褐色泥岩，泥质粉砂岩；黄褐色泥岩中可能含铁质高，后被氧化；厚度一般为0.5～1.0m，常常被潮汐水道砂体冲刷；发育水平纹理、波状层理，纹理厚3～10mm；过渡带泥滩位于下临滨的下部，与浅海相邻，在这一部位常常出现砂泥互层的现象。照片57所示为过渡带泥滩与下临滨沙滩互层，波状层理粉砂岩与水平层理泥岩互层，是水深反复交替变化的结果。

（7）潮汐水道：岩性为粗粒、中粒石英砂岩，局部含砾，厚0.5～2.0m，剖面上呈顶平底凸的透镜状，中部厚度大，向两端尖灭，宽度大约为15～40m；底部为冲刷构造（照片43），发育羽状交错层理（照片39）、宽缓的槽状交错层理（照片58），在砂体层面上见大型波痕。在鸡冠山大平台南侧出露的露头中可以明显地看到四期潮汐水道叠置（照片59），每期潮汐水道之间由薄层的深灰色水平纹理泥岩隔开，由于潮汐水道的冲刷作用，泥岩横向上厚度变化大，最厚处0.5m左右，最薄处不到0.1m，有些部位甚至全部被冲刷掉（照片60），不同期次的潮汐水道直接接触。从露头剖面上看，潮汐水道主要是和过渡带泥滩交替，因此，潮汐水道在过渡带中比较发育。

照片61所示为出露的下临滨沙滩、中临滨沙坝和上临滨沙坝单元之间的叠置关系。

图10－11所示为根据露头观察结果，编制的该区地层层序图。

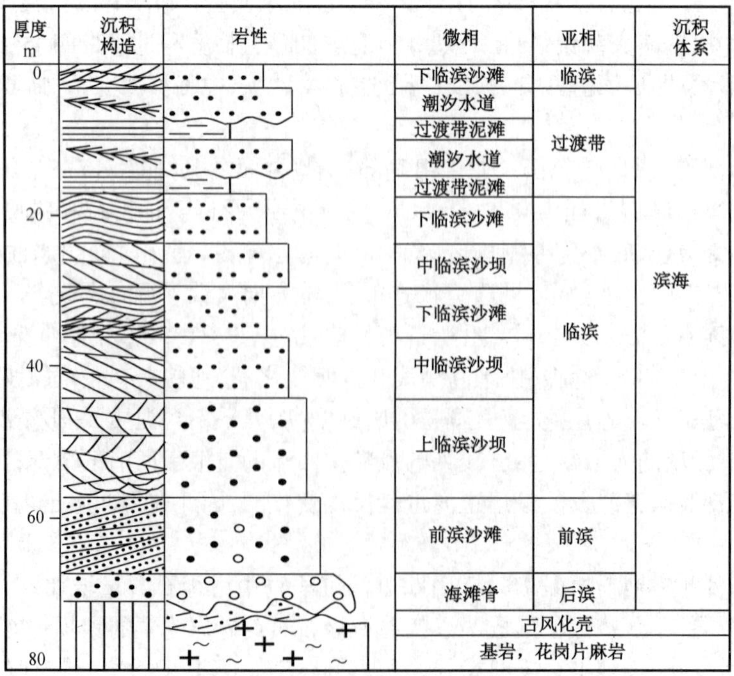

厚度 m	沉积构造	岩性	微相	亚相	沉积体系
0			下临滨沙滩	临滨	
			潮汐水道		
			过渡带泥滩	过渡带	
			潮汐水道		
			过渡带泥滩		
20			下临滨沙滩		
			中临滨沙坝		
			下临滨沙滩	临滨	滨海
40			中临滨沙坝		
			上临滨沙坝		
60			前滨沙滩	前滨	
			海滩脊	后滨	
			古风化壳		
80			基岩，花岗片麻岩		

图10－11　长龙山组滨浅海相纵向系列

思　考　题

（1）简述什么是指相矿物，试说明都有哪些指相矿物。

（2）简述沉积构造的类型以及成因。

（3）简述野外断层的观察、测量与描述方法，并说明如何确定断距的大小。

（4）查阅资料，分析断层伴生构造与派生构造的差别。

（5）通过观察，试分析说明汤河地堑的成因。

第十一章　黑山窑后村—大洼山 三叠、侏罗系地层剖面

实习路线:黑山窑后村西—山坡—山沟—韩家岭附近公路。

构造位置:柳江向斜南端部。

考察内容:(1)观察上三叠统黑山窑组—上二叠统石千峰组之间的角度不整合关系;

　　　　　(2)观察黑山窑组和下花园组的河流、沼泽沉积地层特征;

　　　　　(3)观察冲积扇、泥石流沉积剖面;

　　　　　(4)观察砂质、砾质辫状河砂体的特征。

第一节　上三叠统黑山窑组—上二叠统 石千峰组角度不整合

黑山窑后村西200m处的山坡下,出露上二叠统石千峰组和上三叠统黑山窑组地层,二者呈角度不整合接触(图11-1)。石千峰组地层为紫红色板状交错层理中粗粒砂岩、细砂岩、粉砂岩和紫红色块状泥岩,总体上为正递变旋回,是一套河流相沉积地层。地层走向为100°,倾向为190°,倾角为65°。黑山窑组与石千峰组之间分布一层厚10~50cm的风化残积层,为土黄色泥岩,含有较多的砂质、甚至有砾石残积颗粒。黑山窑组底部为砾岩、含砾砂岩,地层走向为356°,倾向为266°,倾角为25°。

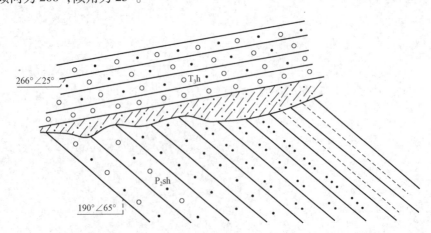

图11-1　黑山窑组与石千峰组之间的角度不整合示意图

在晚二叠世石千峰组地层沉积之后,发生了海西运动,地壳抬升,遭受剥蚀,持续了大约23Ma,到了晚三叠世,再次构造运动,本区沉降为低洼的小型湖泊,又开始接受沉积。该不整合面对研究我国北方地区中生代地壳演化和古气候变化具有重要意义。

第二节　上三叠统黑山窑组—中侏罗统 髫髻山组地层层序

柳江盆地经历了三叠纪早期和中期共 23Ma 的剥蚀,进入晚三叠世之后,沉降为小型的湖泊,又开始接受沉积,形成了一套河流相、湖泊相和沼泽相的砂泥岩互层,即黑山窑组。三叠纪末期的印支运动又一次使该区抬升、褶皱,遭受剥蚀,沉积间断,到了侏罗纪早期,又接受了一套河流相和冲积扇为主的砂砾岩沉积,即下花园组。中侏罗世早期,由于燕山运动,本区发生了大规模的火山喷发活动,形成了一套以安山岩为主的火山熔岩、集块岩、角砾岩、凝灰岩和火山沉积岩地层,即髫髻山组。

黑山窑地区三叠—侏罗系的详细地层特征如图 11-2 所示,自上而下进行详细描述。

一、髫髻山组($J_2 t$)

灰绿色安山岩、火山集块岩、凝灰岩以及洪积物堆积:厚 400m,与下伏地层呈角度不整合接触。

二、下花园组($J_1 x$)

黄褐色砾岩夹泥质粉砂岩:厚 50m;为黄褐色砾岩、含砾杂砂岩、泥质粉砂岩和泥岩互层;分选差,发育递变层理、平行层理、水平层理;地层走向为 60°,倾向为 330°,倾角为 35°;为泥石流堆积。

黄褐色砾岩:厚 20m;灰色、黄褐色砾岩,见大的漂砾和垮塌岩块,砾石直径最大可达 30cm,岩块大小为 1.0m×0.5m;分选差,泥沙混杂,略显递变层理;为泥石流堆积。

砾岩与砂岩互层:厚 65m;黄褐色砾岩、含砾粗粒长石杂砂岩、中粒砂岩,有 5~6 个正旋回叠置;地层走向为 50°,倾向为 320°,倾角为 27°;为大型辫状河道沉积。

黑色碳质页岩:厚 5m;黑色碳质页岩夹灰色粉砂岩;发育水平层理;含煤线,含有大量植物化石。

灰色、黄褐色含砾粗砂岩、中砂岩、细砂岩、泥岩:厚 22m;发育冲刷构造和板状交错层理;地层走向为 60°,倾向为 330°,倾角为 20°。

黄褐色泥质粉砂岩夹黑色碳质页岩:厚 31m,局部夹黄色中粒长石杂砂岩。

土黄色砾岩夹灰白色含砾粗砂岩:厚 38m。

黄褐色泥质粉砂岩:厚 31m,顶部分布少量的黑色碳质页岩,含植物化石碎片。

黄褐色中砂岩:厚 15m,长石杂砂岩。

黄褐色砾岩夹灰黄色砂岩和粉砂岩:厚 14m,含植物化石碎片。

黄褐色中砂岩与含砾粗砂岩互层:厚 20m,顶部为厚度较薄的黄绿色粉砂岩,见植物化石碎片。

灰白色砾岩、砂岩:厚 27m;下部为砾岩,向上逐渐过渡为含砾砂岩、细砂岩和粉砂岩,顶部为灰黑色碳质页岩;含大量植物化石碎片和少量的双壳类化石❶;与下伏地层角度不整合接触。

---

❶ 周琦,李延平,方德庆,等.《秦皇岛地质认识实习教学指导书》讲义. 大庆:大庆石油学院,2000.

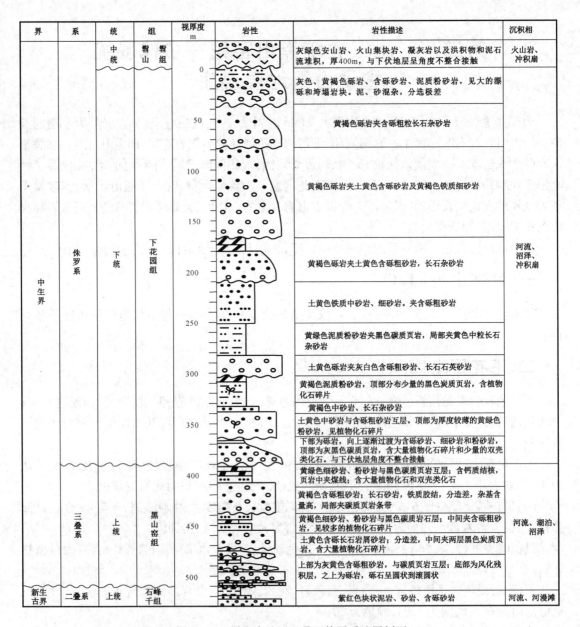

界	系	统	组	视厚度 m	岩性	岩性描述	沉积相
中生界	侏罗系	中统	髫髻山组	0		灰绿色安山岩、火山集块岩、凝灰岩以及洪积物和泥石流堆积,厚400m,与下伏地层呈角度不整合接触	火山岩、冲积扇
		下统	下花园组	50 100 150 200 250 300 350		灰色、黄褐色砾岩、含砾岩岩、泥质粉砂岩,见大的漂砾和垮塌岩块。泥、砂混杂,分选极差 黄褐色砾岩夹含砾粗粒长石杂砂岩 黄褐色砾岩夹土黄色含砾砂岩及黄褐色铁质细砂岩 黄褐色砾岩夹土黄色含砾粗砂岩,长石杂砂岩 土黄色铁质中砂岩、细砂岩。夹含砾粗砂岩 黄绿色泥质粉砂岩夹黑色碳质页岩,局部夹黄色中粒长石杂砂岩 土黄色砾岩夹灰白色含砾粗砂岩、长石石英砂岩 黄褐色泥质粉砂岩,顶部分布少量的黑色炭质页岩,含植物化石碎片 黄褐色中砂岩、长石杂砂岩 土黄色中砂岩与含砾粗砂岩互层。顶部为厚度较薄的黄绿色粉砂岩,见植物化石碎片 下部为砾岩,向上逐渐过渡为含砾砂岩、细砂岩和粉砂岩,顶部为灰黑色碳质页岩,含大量植物化石碎片和少量的双壳类化石。与下伏地层角度不整合接触	河流、沼泽、冲积扇
	三叠系	上统	黑山窑组	400 450 500		黄绿色细砂岩、粉砂岩与黑色碳质页岩互层;含钙质结核,页岩中夹煤线;含大量植物化石和双壳类化石 黄褐色含砾粗砂岩;长石砂岩,铁质胶结,分选差,杂基含量高,局部夹碳质页岩条带 黄褐色细砂岩、粉砂岩与黑色碳质岩石层;中间夹含砾粗砂岩,见较多的植物化石碎片 土黄色含砾长石岩屑砂岩;分选差,中间夹两层黑色炭质页岩,含大量植物化石碎片 上部为灰黄色含砾粗砂岩,与碳质页岩互层;底部为风化残积层,之上为砾岩,砾石呈圆状到滚圆状	河流、湖泊、沼泽
新生古界	二叠系	上统	石峰千组			紫红色块状泥岩、砂岩、含砾砂岩	河流、河漫滩

图 11-2 黑山窑地区三叠—侏罗系地层剖面

三、黑山窑组(T₃h)

黄褐色细砂岩、粉砂岩与黑色碳质页岩互层:厚18m,页岩中夹煤线,含大量植物化石和双壳类化石❶。

灰黄色含砾粗砂岩:厚30m,长石砂岩,铁质胶结,分选差,杂基含量高,局部夹碳质页岩条带。

黄褐色细砂岩、粉砂岩与黑色碳质页岩互层:厚17m,中间夹含砾粗砂岩,见较多的植物化石碎片。

---

❶ 周琦,李延平,方德庆,等.《秦皇岛地质认识实习教学指导书》讲义.大庆:大庆石油学院,2000.

黄褐色含巨砾长石质岩屑砂岩:厚17m,分选差,中间夹两层黑色碳质页岩,碳质页岩中含大量植物化石碎片。

碳质页岩:厚1.5m;局部夹粉砂岩透镜体,透镜体厚度一般为5~10cm,宽0.5~2.0m,透镜体中见铁质结核。

黄褐色粗砂岩:厚0.4m;铁质杂砂岩;石英含量为55%,次圆状,岩屑含量为15%,大部分长石已风化为高岭土。

碳质页岩:厚0.5m,具水平纹理,纹理厚3~5cm。

黄褐色细砂岩:厚5m;长石石英砂岩,颗粒的磨圆度为次圆状,分选较好;铁质胶结,因此风化后呈黄褐色。

土黄色粉砂质泥岩:厚1m,见大量的植物根须化石;节理发育,节理走向为285°,近于直立。

碳质页岩:厚1.5m,黑色,纹理厚1~5mm;含有大量植物化石。

灰黄色块状泥质粉砂岩:厚1m,节理发育。

含砾粗砂岩:厚1.5m,底部见冲刷构造;向上逐渐过渡为粗砂岩,颗粒成分主要为石英,含量为50%,长石含量为45%,岩屑含量为5%;磨圆度为次圆到次棱角状;大部分长石颗粒已被风化。

含砾粗砂岩:厚1m,杂基含量高;发育两组节理,一组走向为35°,倾向为125°,倾角为70°,另一组走向为110°,倾向为200°,倾角为70°。

灰黄色含砾粗砂岩:厚3m,颗粒成分中石英含量为55%,长石含量为35%,岩屑含量为10%;颗粒呈次棱角状,长石已风化为高岭土;发育块状构造、正递变层理,底部有冲刷现象,向顶部过渡为黄褐色粉砂质泥岩,为水平纹理,纹理厚3cm;发育一组节理,走向为40°,倾角近90°。

砂泥岩互层:厚1.5m,泥岩主要为水平纹理,纹理厚3~4mm,呈页片状;泥岩厚10cm左右,部分层段碳质含量较高;砂岩厚10~15cm;由5~6个砂泥互层段组成。

砾岩:厚7m,分选差,砾石直径最大5cm,底部发育冲刷构造,层段内有多个正旋回构成,呈正递变层理,每个旋回厚0.5~1.0m不等;底部见泥砾,次圆到棱角状;发育两组节理,一组走向为105°,倾向为195°,倾角为85°左右,另一组走向为38°,倾向为128°,倾角为80°,这两组节理为共轭剪节理。

土黄色中粒长石砂岩:厚3m,下部为中砂岩,向上岩性变细,过渡为细砂岩,风化比较严重;岩屑含量高,占15%,石英含量为40%,长石含量为45%;中间零星含有砾石,砾石呈圆状到滚圆状;发育三组节理,一组走向为354°,倾向为84°,倾角为84°,另一组走向为13°,倾向为283°,倾角为44°,这两组为共轭剪节理;第三组不规则。

砾岩:厚1.0m左右,砾石直径为1~3cm,最大可达30cm;砾石呈棱角状、次棱角状。

风化残积层:厚10~50cm,土黄色泥岩,含有较多的砂质,甚至有砾石残积颗粒;与下伏地层呈角度不整合接触。

四、石千峰组(P₃sh)

土黄色、紫红色块状泥岩:厚10m,局部见水平层理;为河漫滩沉积。

土黄色、浅紫红色含砾砂岩、粗砂岩、中砂岩、细砂岩:厚25m,下部发育板状交错层理,是一套正粒序的河流相砂体。

第三节 河流沉积体系露头

一、网状河沉积体系剖面

在黑山窑组中部的沼泽相中发育了一套可能为网状河的沉积体系(照片62),河道单元厚5m,岩性为含砾砂岩、粗砂岩、细砂岩。研究将其定名为长石砂岩,铁质胶结,颗粒成分中石英含量为42%,长石含量为45%,岩屑含量为13%。其磨圆度为次圆到次棱角状,分选中等。纵向上大致由三个正递变旋回构成。

决口沉积单元可以看到两期沉积:一层厚0.4m,分布宽度为60m;为粗粒铁质杂砂岩;颗粒中石英含量为40%,岩屑含量为15%,长石含量为41%,长石大部分已被风化为高岭土;磨圆度为次圆状到次棱角状,分选较差。另一层厚0.1m,横向宽度不到10m,岩性为细砂岩。决口沉积单元夹在泛滥平原的碳质页岩中,泛滥平原亚相为黑色碳质页岩和黄褐色泥岩,厚3.0m;其碳质页岩发育水平纹理,纹理厚3~5cm,含大量植物化石碎片。

在黑山窑地层中发育了两条小的正断层,呈反"Y"形组合,断距0.5m左右,走向基本一致,为55°左右,倾向为145°,主断层倾角为35°~50°,次级断层倾角为20°~50°。"Y"形断层或者反"Y"形断层组合在油气藏中很常见,是在拉张应力作用下,沿地层脆弱处断开、滑动、归并形成。

二、辫状河道砂体剖面

下花园组主要以河流沉积体系为主,在上段发育了一套辫状河沉积体系,多期河道叠置,形成了一个大型的辫状河沉积复合体。在距黑山窑后村西北方向3000m处的山沟中出露了一条剖面,该沟的走向为50°,可能为一条断层,因为两侧地层的岩性存在比较大的差别。沟的北侧出露了一套砂砾岩地层,地层走向为50°,倾向为320°,倾角为27°,为比较典型的辫状河砂体(照片63)。底部为砾岩,厚0.5~1.5m,横向宽度为10~20m。砾石直径最大可达5cm,磨圆度为次圆状、次棱角状和棱角状,砾石定向排列,分选差,块状构造,发育不明显的大型槽状交错层理,为辫状河道中的滞留单元和充填单元。向上第二层为粗砂岩和中砂岩,厚1~2m,横向上的宽度为9m左右,剖面上呈透镜状。为长石砂岩,磨圆度为次圆状和次棱角状,分选较好,发育大型板状交错层理,内部有15~18个界面,这些界面属纹层组界面,这一单元为沙坝单元。向上第三层为砾岩层,厚0.5m,同第一层相同,但砾石直径稍小,为又一期河道中的滞留单元和充填单元。第四层为粗砂岩、中砂岩,厚0.5m,同下部第二层相同,只是单元厚度和规模减小,为第二期沙坝单元。第五层为砾岩,厚0.3m,为第三期河道中的滞留单元和充填单元。

第四节 冲积扇沉积体系露头

黑山窑后村西北方向3000m处,在沟的西段南侧发育了一套砾、砂和泥混杂的地层(照片64),厚50~100m,地层走向为60°,倾向为330°,倾角为35°。分析认为这是一套多旋回的冲积扇沉积体系。根据出露的岩层可以划分出扇根、扇中、扇端三个亚相(图11-3)。

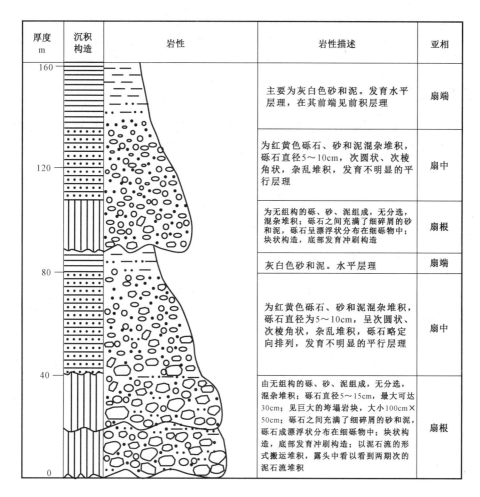

厚度 m	沉积构造	岩性	岩性描述	亚相
160			主要为灰白色砂和泥。发育水平层理,在其前端见前积层理	扇端
120			为红黄色砾石、砂和泥混杂堆积,砾石直径5～10cm,次圆状、次棱角状,杂乱堆积,发育不明显的平行层理	扇中
			为无组构的砾、砂、泥组成,无分选,混杂堆积;砾石之间充满了细碎屑的砂和泥,砾石呈漂浮状分布在细砾物中;块状构造,底部发育冲刷构造	扇根
80			灰白色砂和泥。水平层理	扇端
			为红黄色砾石、砂和泥混杂堆积,砾石直径为5～10cm,呈次圆状、次棱角状,杂乱堆积,砾石略定向排列,发育不明显的平行层理	扇中
40			由无组构的砾、砂、泥组成,无分选,混杂堆积;砾石直径5～15cm,最大可达30cm;见巨大的垮塌岩块,大小100cm×50cm;砾石之间充满了细碎屑的砂和泥,砾石成漂浮状分布在细砾物中;块状构造,底部发育冲刷构造;以泥石流的形式搬运堆积,露头中看以看到两期次的泥石流堆积	扇根
0				

图 11-3　冲积扇纵向沉积序列

一、扇根亚相

该扇根亚相以泥石流的形式搬运堆积而成,主要由无组构的砾、砂和泥组成,无分选,混杂堆积(照片65);见大的漂砾,砾石直径 5～15cm,最大可达 30cm,也见大的垮塌岩块,形状不规则,个体大小 1.0m×0.5m;砾石之间充满了细碎屑的砂和泥,砾石呈漂浮状分布在细砾堆积物中。从出露的剖面上观察,扇跟亚相厚 15～25m,宽 100～200m;在沟底的剖面中可以看出三期的泥石流叠置关系,每一期的下部漂砾多,且个体大,顶部有很薄的细粒堆积物,单期厚2～3m。

二、扇中亚相

该扇中亚相主要为红黄色砾石、砂和泥混杂堆积,砾石直径为 5～10cm,次圆状、次棱角状(这可能与母岩砾石的磨圆度高有关),杂乱堆积,砾石略定向排列,发育不明显的平行层理。扇中亚相中可以划分出洪水期分流沟道沉积和消退期沟道顶部细碎屑沉积,二者组合在一起构成了一个正递变旋回(照片66)。洪水期分流沟道沉积主要为砾石,夹杂砂和泥,但砾石与砂泥的比例比较大,砾石直径大,略定向排列,分选差,底部有冲刷痕迹,内部略显平行层理,总体上为正递变层理。消退期沟道顶部细碎屑沉积物主要为砂和泥,也含砾,但砾石颗粒直径减小、数量减少,厚度较薄,一般是沟道砾岩厚度的十分之一到五分之一,多呈块状。露头中可以划分出多期冲积扇扇中亚相,厚20~30m,单期厚1.0~3.0m。

三、扇端亚相

该扇端亚相由细碎屑物构成,主要为灰黄色粉砂岩、泥质粉砂岩和泥,夹零星分布的砾岩呈透镜体。主要发育纹理厚度比较大的水平层理和块状构造,层理厚10~15cm(照片66)。扇端亚相累计厚10~15m,单层厚0.3~1.0m。

思 考 题

(1)简述野外考察过程中如何确定地层之间的接触关系。

(2)通过观察,试总结辫状河砂体的特征。

(3)通过观察,试总结冲积扇形成的背景和沉积物特征。

(4)对比分析秦皇岛地区中生界、上古生界和下古生界地层特征之间的差别。

(5)通过地层剖面的考察,试分析侏罗纪时期柳江盆地的地貌特征。

第十二章　沙锅店东山—潮水峪岩溶地貌及构造现象观察

实习路线:沙锅店村东小山坡—潮水峪村。

构造位置:柳江向斜东翼。

考察内容:(1)观察岩溶地貌,分析岩溶作用;

　　　　　(2)观察花岗斑岩的岩石特征,测量花岗斑岩岩墙的产状;

　　　　　(3)观察、测量不同性质断层的产状及其与断层相伴生的构造。

第一节　沙锅店东山碳酸盐岩及花岗斑岩岩墙特征

一、下奥陶统亮甲山组碳酸盐岩特征

该区出露的地层主要为下奥陶统亮甲山组石灰岩[1],有厚层隐晶质灰岩,见豹皮灰岩、燧石结核和条带灰岩。隐晶质灰岩呈灰色、灰白色,滴稀盐酸起泡剧烈,厚层—中厚层状,发育水平层理、块状构造,单层厚 0.3~1.5m,为隐晶质结构。石灰岩中含满洲角石(*Manchuroceras*)、蛇卷螺(*Ophileta*)、古林海绵(*Archaeoscyphia*)、海百合茎、珊瑚等古生物的化石[1]。燧石结核和条带灰岩中的燧石呈灰黑色,非晶质结构,致密、坚硬。燧石结核呈团块状沿层面分布,或断续或孤立分布。燧石结核大小不一,形态多样,有些断面呈均质状、有些呈同心环状。

岩墙两侧的石灰岩产状差别比较大,岩墙东北侧石灰岩地层走向为 19°,倾向为 289°,倾角为 25°;西南侧地层走向为 135°,倾向为 225°,倾角为 13°。

二、花岗斑岩岩墙特征

花岗斑岩岩墙侵入于下奥陶统亮甲山组石灰岩地层中,宽 3.5~6.0m,走向为 310°,倾向为 40°,倾角为 78°。在该地段出露的长度近 1000m。花岗斑岩呈灰白色,块状构造,局部片麻岩化,斑状结构,斑晶为正长石、石英和斜长石。斑晶含量为 65% 左右,颗粒直径为 3~5mm。表面的正长石多已风化为高岭土。由于岩墙的抗风化能力强于石灰岩,突出地面 0.5~2.0m。花岗斑岩岩墙与响山花岗岩岩体同源(周琦,2000),侵入时间略滞后,为燕山运动晚期。

花岗斑岩岩墙沿北西向断裂侵入,岩墙在向东南延伸方向上被北东走向断层切割(照片67),断层是由 30m 左右宽的断裂带组成,水流沿断裂带冲刷形成了比较宽的冲沟。该断层为北东走向左旋平移断层,断层走向为 40°,平移距离为 15m 左右。断层形成时间应晚于岩墙侵

---

[1] 周琦,李延平,方德庆,等.《秦皇岛地质认识实习教学指导书》讲义.大庆:大庆石油学院,2000.

入时间,早于岩溶地貌形成时间。因为它切割了岩墙,而岩溶地貌只在断层的东盘形成,另一侧无岩溶地貌发育。

第二节　沙锅店岩溶地貌及岩溶作用

一、岩溶地貌

岩溶地貌位于花岗斑岩岩墙的东北侧,地层的上倾方向(图12-1),范围大约为100m×300m。发育有溶沟、溶洼、溶斗、石芽、落水洞、溶洞等岩溶地貌。

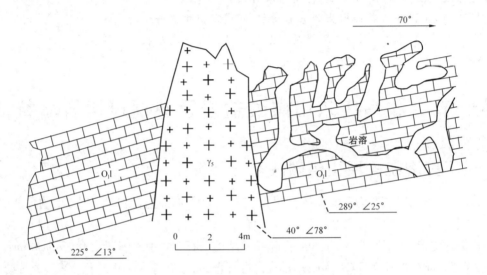

图12-1　沙锅店小东山岩墙、岩溶地貌剖面示意图

溶沟:地表水沿石灰岩表面流动过程中伴随有溶蚀作用,使石灰岩表面形成大小不等的沟槽。溶沟的深度一般为10~20cm,宽度为10cm左右,长度为0.5~2.0m。

溶洼:由于石灰岩表面的成分、结构不均质,地表水在其表面溶蚀,形成低洼的凹坑。溶洼的直径一般为20~30cm,深度为10~30cm。

溶斗:地表水在溶洼中垂直下渗的过程中,溶蚀深度加深,侧向扩大,形成溶斗[1]。一般情况下,深度小于直径称为溶洼,深度大于直径称为溶斗,深度继续加大,与溶洞相通,即成为落水洞[1]。

石芽:由于地表水的溶蚀和切割作用,残留的岩石突出地表,成为石芽[1]。如果溶蚀作用进一步加强,会形成石林。该地区的石芽高度一般小于0.5m。

落水洞:地表水沿节理、裂缝下渗,溶蚀作用使裂缝扩大呈洞穴,伴随着岩石崩塌,形成近于直立的洞穴。受节理、裂缝规模的影响,落水洞洞口直径差别很大,最小的直径只有20cm(照片68),最大的可达1m以上。其形状有圆形、椭圆形或不规则形。其洞深比较大,由于溶洞下部有淤泥,无法测量,目测深度一般大于2m。落水洞基本上与溶洞连通。

---

[1] 徐成彦,赵不亿.《普通地质学》讲义.武汉:武汉地质学院,1983.

溶洞:在形成落水洞的过程中,地下水沿层面和裂缝横向流动,不断溶蚀,伴随着顶板的垮塌,落水洞相互连通,形成了一个溶洞网络[1]。

二、岩溶作用

地表水和地下水通过对岩石、矿物的溶解,将岩石溶蚀成空洞,并逐渐扩大,形成洞穴。同时,在重力作用下,伴随着洞穴顶板和洞壁的崩塌,其规模不断扩大,形成独特的溶蚀地貌,这种地质作用称为岩溶作用[1]。

岩溶地貌形成的基本条件除了前文讲的4个条件外(第二章第四节),更容易产生岩溶作用的环境是:可溶性岩石要广泛发育[1];气候温润,雨量充沛;具有溶蚀能力的地下水;高原地区更有利形成岩溶地貌。

可溶性岩石的存在是岩溶作用进行的必要条件。碳酸盐岩和盐岩类均属可溶岩石,但盐岩类分布有局限,碳酸盐岩地层分布广泛,占地表出露岩石的20%左右,因此,碳酸盐岩地区是岩溶地貌形成最有利的地区。

沙锅店小东山位于北纬40°附近,属于温带季风气候,降水量较少,但在局部地区形成了极小范围的岩溶地貌,这与小气候、小环境有关。沙锅店虽然年降雨量偏少,但它靠近渤海湾,相对比较温湿,同时其夏季雨量比较充沛。其岩溶地貌位于岩墙的东北侧,地层的上倾方向,即岩墙在岩溶地貌的下倾方向,岩墙对地下水起到了遮挡作用,局部形成一个汇水区,雨水和地下水在该处汇聚,地下水丰富。该地段的石灰岩比较纯,可溶性比较强。从石灰岩表面特征就可以看出,岩石极易被溶蚀,岩石表面形成了大量的"鸡爪纹"(照片69),有些甚至被溶蚀成蜂窝状(照片70)。该处的石灰岩受岩墙侵入和构造运动的影响,裂缝发育,渗透率高,透水性强,为地表水和地下水的循环创造了条件,加速了岩石的溶蚀作用。由于小气候和小环境有利于植被发育,特别是在岩溶地貌的东侧,土层比较厚,植被发育,地下水中会溶解较多的CO_2,另外,植物腐烂后会形成腐殖酸,这些都加大了地下水的溶蚀能力。地下水的流动速度也在很大程度上影响水的溶蚀力,若流速过慢,地下水达到过饱和状态后,溶蚀作用会停止,甚至再沉淀;如果流动速度过快,水中溶解的CO_2会比较少,溶蚀作用也会减弱。该区地表水和地下水在岩墙上倾方向汇聚后,被岩墙遮挡,形成了一定的滞留时间,保证地下水有充分的溶蚀时间,然后又经过西侧的断层流出,形成了一个适合溶蚀的地下水循环机制。这几方面为岩溶地貌的形成创造了条件。根据观察,溶蚀作用目前仍然在进行,但周边地区不断的采挖,改变了地下水和地表水系统,溶蚀作用在不断减弱。

三、碳酸盐岩与油气聚集

碳酸盐岩占沉积岩出露面积的55%[1],同时,在世界油气储集层中也占有重要地位,碳酸盐岩储集层中的油气储量约占总储量的50%,油气产量占总产量60%以上[10]。碳酸盐岩储集层形成的油气田一般具有储量大、单井产量高的特点,多为特大型、大型油气田。如波斯湾盆地中沙特阿拉伯的加瓦尔油田,可采地质储量为$107 \times 10^8 t$,在利比里亚的锡尔特盆地、墨西哥湾盆地、俄罗斯的伏尔加—乌拉尔含油气区、美国的密执安盆地和伊利诺斯盆地、加拿大的阿尔伯塔等地区都有大型碳酸盐岩油气田分布[10]。我国的碳酸盐岩分布也十分广泛,在四川

---

[1] 徐成彦,赵不亿.《普通地质学》讲义.武汉:武汉地质学院,1983.

盆地、塔里木盆地都发现了油气田。

四川盆地普光气田主要含气层段为下三叠统飞仙关组和上二叠统长兴组，烃源岩为下志留统龙马溪组和上二叠统龙潭组泥岩和页岩。长兴组储层岩性主要为生屑白云岩、砂—砾屑白云岩、粉—细晶白云岩，储集空间主要为溶蚀孔，局部发育裂缝，孔隙度介于 2.00% 与 28.86% 之间，平均孔隙度为 7.20%，平均渗透率为 $1.03 \times 10^{-3} \mu m^2$。飞仙关组储层岩性主要为鲕粒白云岩、砂—砾屑白云岩、中—粗晶白云岩，平均孔隙度为 8.17%，平均渗透率为 $2.34 \times 10^{-3} \mu m^2$。普光气田为构造—岩性复合型特大气田[18]，气层厚 300~400m，圈闭面积为 45.6km²，探明地质储量为 $2510.7 \times 10^8 m^3$。

在我国东部湖相含油气盆地中，也发现了碳酸盐岩储集层，比如在苏北盆地金湖凹陷西斜坡古新统阜宁组阜二段（E_1f_2）发育了一套厚度为 10~20m，分布广泛的生物碎屑灰岩，在有利的圈闭中含油气丰富，具有工业开采价值。金湖凹陷西斜坡碳酸盐岩的颗粒类型主要有生物碎屑、鲕粒、球粒和砂屑。其生物碎屑含量丰富，以蠕虫动物中的环节动物门龙介虫科（Serpulidae）含量最高，占生物碎屑颗粒的 70% 以上，也见藻类、介形虫、腕足、腹足、硅藻、有孔虫以及苔藓等化石。其生物数量虽然比较多，但种属单调，耐盐度比较窄，为半咸水的海洋生物组合。其微量元素硼的质量分数平均为 77.6×10^{-6}，硼与镓的比值（B/Ga）平均为 3.6，也显示为半咸水环境。研究认为金湖凹陷在古新统阜宁组二段第Ⅱ油组（$E_1f_2^2$）沉积时期，曾经发生了海侵或与海洋有通道沟通，具有半咸水潟湖环境的特征。其水体清澈，构造活动相对平静，湖盆沉降和沉积速率缓慢且补偿适中，因此在西斜坡沉积了一套厚度稳定、面积广阔的碳酸盐岩。渤海湾盆地也发现了具有工业价值的生物碎屑灰岩油气层，比如渤中 13-1 油田以及饶阳凹陷大王庄地区沙三段都发现有碳酸盐岩储集层，其单井日产量高达 106.51t。

同砂岩储层相比，碳酸盐岩储集层储集空间更为复杂，储集空间类型多，次生变化大，影响因素多，非均质性更严重。根据其储集空间的性质可将其划分为孔、洞、缝三类，按照成因可将其划分为原生孔隙和次生孔隙（表 12-1）。

表 12-1 碳酸盐岩储集层孔隙类型

孔隙大类		孔隙类型
原生孔隙	孔	粒间孔、粒内孔、生物骨架孔、晶间孔、鸟眼孔、生物钻孔
	缝	矿物解理、收缩缝、压溶缝
次生孔隙	孔	粒内溶孔、粒间溶孔、生物碎屑颗粒溶孔、晶间溶孔、晶内溶孔、铸模孔
	缝	构造缝、成岩缝、溶蚀缝、风化缝
	洞	溶洞

第三节　沙锅店—潮水峪构造、断层观察

一、沙锅店东穹隆背斜特征

沙锅店东穹隆背斜位于沙锅店村东采石场奥陶系石灰岩中，北纬 40°7′，东经 119°36′。石灰岩为灰色、灰白色，中厚层状，发育块状构造、水平层理。该处岩石类型有生物碎屑灰岩、豹皮灰岩、隐晶质灰岩。生物碎屑灰岩中局部的生物碎屑颗粒含量可达 50% 以上（照片 71）。

该处构造为一穹隆背斜,宽度大约为50m,北侧地层走向为125°,倾向为15°,倾角为35°,西南侧地层走向为355°,倾向为265°,倾角为20°。

二、潮水峪村南短轴背斜构造

潮水峪村南500m处发育一短轴背斜构造(图12-2),轴向为300°,北翼地层走向为290°,倾向为20°,倾角为20°,南翼地层走向为310°,倾向为220°,倾角为45°。地层为寒武纪中厚层石灰岩,发育块状构造,部分层段为水平层理。该处岩石类型有鲕粒灰岩、厚层块状灰岩、泥灰岩、豹皮灰岩。

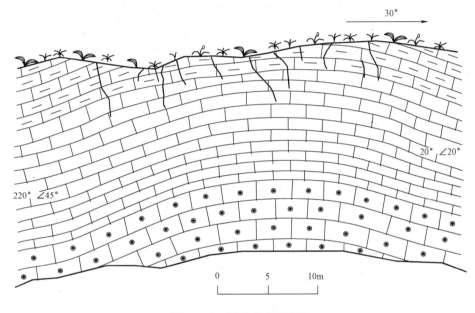

图12-2 潮水峪背斜构造

三、潮水峪村南小桥旁逆断层

潮水峪村南小桥旁,发育寒武系上寒武统凤山组和奥陶系下奥陶统冶里组地层。凤山组为泥质条带灰岩、角砾灰岩以及泥灰岩,中薄层状,具水平层理,地层走向为170°,倾向为260°,倾角为10°~18°;冶里组为泥质条带灰岩,地层走向为172.5°,倾向为262.5°,倾角为13°~58°。两套地层之间是断层接触,是一条逆断层(图12-3),断层走向为200°,倾向为110°,倾角为85°。断层面内发育断层角砾和断层泥,断层两侧发育羽状裂缝❶。

四、潮水峪村北逆断层

在潮水峪村北发育一条倾角比较陡的逆断层,断层产状为110°∠85°。断层上盘为寒武系上寒武统凤山组条带灰岩,地层产状为252°∠27°。下盘为奥陶系下奥陶统冶里组厚层灰岩,产状为265°∠30°。断面在走向和倾向方向上均呈舒缓波状,并见擦痕,方向是向SW方向

❶ 周琦,李延平,方德庆,等.《秦皇岛地质认识实习教学指导书》讲义. 大庆:大庆石油学院,2000.

倾伏,倾伏角70°和50°,说明断层至少经历了两个期次的滑动❶。断层是由宽度几厘米到十厘米的断层带组成,断层带内充填大量断层角砾,并被方解石脉充填。由于断层两侧地层岩性上有差异,其两侧抗风化能力不同,形成了一个悬崖地貌(图12-4)。

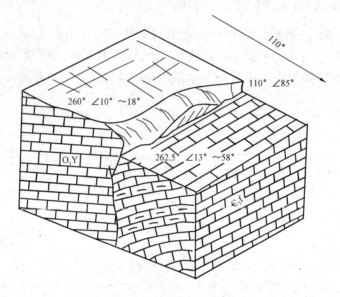

图12-3 潮水峪村南逆断层示意图(据周琦,等,2000)

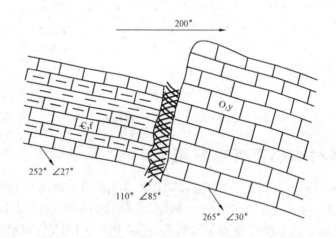

图12-4 潮水峪村北逆断层示意图(据周琦,等,2000)

思 考 题

(1)请简述岩溶地貌的特征及成因。

(2)通过观察,试分析岩溶的成因与岩墙和断层有没有关系。

(3)请说明什么是斑状和似斑状结构。

(4)请查阅资料,总结地下水的地质作用。

(5)请查阅资料,简述生物碎屑灰岩的成因。

---

❶ 周琦,李延平,方德庆,等.《秦皇岛地质认识实习教学指导书》讲义.大庆:大庆石油学院,2000.

第十三章　喇嘛山河流—沼泽沉积体系露头

实习路线:黑山窑村东北方向800m喇嘛山山脚—山顶。

构造位置:柳江向斜南端。

考察内容:(1)观察上石炭统太原组地层特征;

(2)观察网状河、曲流河、沼泽沉积地层特征;

(3)观察岩石的塑性揉皱构造;

(4)观察石炭纪植物化石组合;

(5)观察花岗斑岩岩墙。

第一节　喇嘛山地层特征

喇嘛山位于柳江向斜南端,出露地层为上石炭统太原组,岩性为泥岩、碳质页岩、碳质泥岩和砂砾岩。现自上而下详细描述其地层岩性(图13-1)。

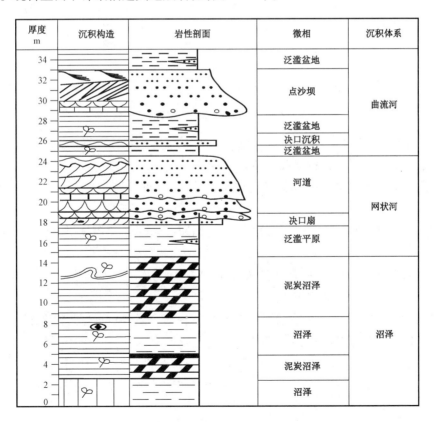

图13-1　喇嘛山地区河流沼泽沉积体系纵向序列图

第一层:泥岩,厚0.5m左右,土黄色,风化严重。

第二层:细砂岩,厚0.5~1.0m,灰白色,长石砂岩,发育水流波纹层理。

第三层:中砂岩,厚1.0~2.0m,灰白色,长石砂岩,发育侧积交错层理(照片72)。

第四层:含砾粗砂岩,厚0.2~0.3m,发育槽状交错层理(照片72),底部见冲刷构造。

第五层:泥岩,厚2.0m,灰白色、灰色,岩性不纯,发育水平层理,夹多层粉砂岩透镜体(照片73)。其透镜体规模变化大,小的厚5cm、宽30cm,大的厚度可达0.5m,宽4~10m,发育小型波痕构造,属泛滥盆地中的决口沉积。层面上见大量植物化石,初步观察,主要有鳞木化石(照片74、照片75)、卵脉羊齿化石、假星轮叶化石(照片76)等,具有比较典型的北方晚石炭世植物群落组合❶。初步分析鳞木化石属鳞木属扁菱鳞木,叶座小,扁菱形(图13-2),叶座长12.0mm,宽10.0mm,顶底尖锐,两侧弧形,上部有叶痕。卵脉羊齿呈卵圆形,长16.8mm,宽11.2mm,顶端钝圆,基部偏斜形,中脉在上部分散,侧脉细密,以锐角伸出,向两侧微弯曲。假星轮叶呈细线形,长大于20mm,宽2.2mm,顶端钝,有中脉。芦木化石属新芦木属,保存不完整,化石显示宽52.5mm,长157.5mm,有比较浅的纵脊和纵沟,纵脊背节部位错开。

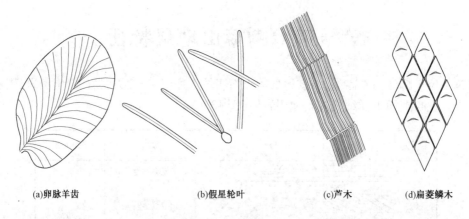

(a)卵脉羊齿   (b)假星轮叶   (c)芦木   (d)扁菱鳞木

图13-2 植物化石图版

第六层:细砂岩、粗砂岩,厚5m,灰白色,风化后呈褐色,自下而上由粗砂岩过渡到细砂岩,发育板状交错层理,由多个正粒序旋回构成(图13-3)。

第七层:含砾砂岩,厚0.5m,紫红色,块状构造,底部见冲刷构造;属网状河道砂体底部沉积。

第八层:粗砂岩,厚0.3m,灰白色,发育槽状交错层理,正递变层理;属网状河道砂体中下部沉积。

第九层:含砾砂岩,厚0.1m,紫红色,砾石直径最大可达3cm,定向排列,块状构造,底部见冲刷构造;属网状河道砂体底部沉积。

第十层:细砂岩,厚1.7m,灰白色、下部紫红色,铁质含量高;分选较差,见板状交错层理,含铁质结核;剖面上呈透镜状,为决口扇沉积。

第十一层:泥岩,厚5.5m,灰褐色,水平纹理,夹砂岩透镜体,含植物化石。在该层中夹一上平下凸的泥岩透镜体(照片77),具有河道的特征,但岩性为泥岩,分析认为该透镜体是决口

❶ 杨关秀,黄其胜.《古植物图册》讲义.武汉:武汉地质学院,1985.

冲刷出的水道,并没有沉积砂,后被泥岩充填。

第十二层:碳质泥岩,厚10m,深灰色水平纹理,含有丰富的植物化石;该层中局部发育揉皱构造(照片77),但是上下层并没有发生变形,分析认为该层比较软,具有一定的塑性,在一定的倾角下,发生了重力塑性滑动,造成顶底层没有变形,该层发生严重的揉皱变形。

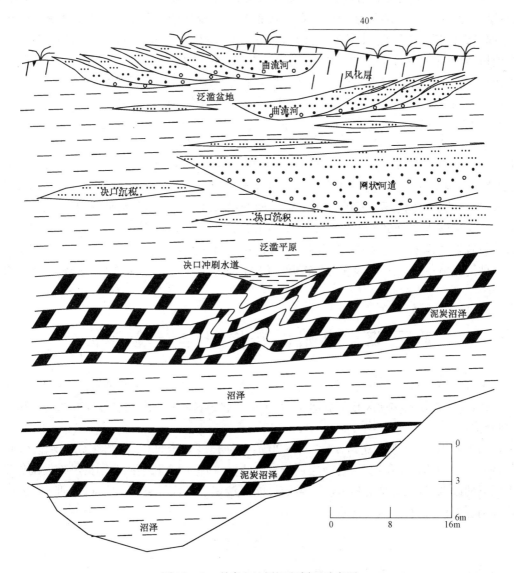

图13-3 喇嘛山地层沉积剖面示意图

第十三层:泥岩,厚3m,灰绿色,具水平纹理,纹理厚5~30mm,见铁质结核,结核直径3~5cm,见植物化石碎片;地层走向为50°,倾向为320°,倾角为23°。

第十四层:碳质泥岩,厚2.0m,具深灰色水平纹理,纹理厚5mm,含有丰富的植物化石;夹煤线,煤线厚10cm。

第十五层:泥岩,厚度2.5m,灰色,块状构造,见植物化石碎片。

第二节　喇嘛山曲流河和网状河露头特征

喇嘛山露头顶部出露的第二层、第三层和第四层为细砂岩、中砂岩和含砾砂岩构成的正粒序,总厚度为 2~3.5m,宽度为 40m 左右。其底部见冲刷构造,下部砂岩段发育槽状交错层理,中部发育侧积交错层理,上部发育波纹爬升层理。分析认为该段砂体为曲流河沉积体系,具有侧积结构(照片78),侧积单元的厚度为 0.3~1.5m,宽度为 5~15m,剖面上中部厚度大,上下两端厚度逐渐减薄,略呈"S"形透镜状。下部为含砾砂岩,向上逐渐过渡为中砂岩、细砂岩。侧积夹层为泥岩、粉砂质泥岩,厚度为 0.1~0.4m,下部侧积角为 16°,中部为 30°,顶部为 16°,下部呈凹形,中部上凸,顶部平缓。剖面上呈楔状,上部厚度大,向下逐渐减薄,直至尖灭。

中上部的第六、第七、第八和第九层是一套由 4~5 个正递变旋回构成的网状河道砂体(照片79),总厚度为 6m 左右,砂体宽度为 30m 左右。每个旋回底部基本上是以含砾砂岩开始,发育冲刷构造、块状构造,但冲刷作用均比较弱,向上逐渐过渡为粗砂岩、中砂岩、细砂岩和粉砂岩,发育槽状交错层理、板状交错层理、波状交错层理、波纹层理、水平层理。

两种河道砂体之间发育泛滥平原沉积,即第五层,厚 2.0m,以泥岩为主,但岩性不纯,夹细砂岩和粉砂岩透镜体。发育水平层理和小型波痕,植物化石丰富。

两种河流体系是一种过渡关系,靠近滨海沼泽区河流为网状河,向上游逐渐过渡为曲流河。

第三节　喇嘛山花岗斑岩岩墙特征

在喇嘛山山顶发育一条近南北走向的岩墙(照片80)。岩墙为花岗斑岩,斑晶主要为正长石和石英颗粒,正长石多被风化为高岭土,石英呈粒状,直径为 3mm 左右,具细粒结构、斑状结构,块状构造。

岩墙走向 165°,近于直立,岩墙宽度为 20m,延伸长度大于 500m。岩墙沿断层侵入,由于岩浆侵入过程中的挤压作用,该处地层近于直立,与周边地层产状不协调。接触带上围岩没有发生明显的改变,说明为低温侵入。该岩墙可能与沙锅店花岗斑岩岩墙为同一期,因为成分、结构和构造相似,甚至产状都接近。

思　考　题

(1)野外露头考察过程中,应从哪些方面判断河流相砂体的类型?

(2)根据露头观察,对比分析网状河和曲流河在纵向序列上的差别。

(3)试述浅成侵入岩的一般特征。

(4)查阅资料,分析中国石炭纪植物群落的特征。

(5)什么叫岩石的蠕变?蠕变在什么条件下发生?

第十四章 马蹄岭火山岩及构造观察

第一节 老鹰窝铁路隧道北口火山岩特征及构造现象

一、老鹰窝铁路隧道北口火山岩岩石特征

(一)火山岩类型

辉石安山岩:深褐色、紫红色、浅紫红色,斑状结构,块状构造,致密,坚硬;斑晶主要为辉石,黑色,呈粒状,斑晶含量为15%左右,斑晶直径为2~5mm,基质为隐晶质。

角闪安山岩:灰绿色、风化后呈浅褐色,斑状结构,块状结构;斑晶主要为角闪石,亮黑色,呈柱状,斑晶颗粒直径为2~5mm,斑晶含量为20%左右,基质为隐晶质。

斜长安山岩:灰绿色,斑状结构,块状构造,见比较细小的气孔。斑晶主要为斜长石和角闪石,含量为15%~20%,斑晶颗粒直径为2~5mm。斜长石呈灰白色,针状、柱状或针状集合体;角闪石呈柱状或粒状。基质呈隐晶质。

安山质火山角砾岩:角砾直径为2~5cm,斑杂结构,填隙物为安山质晶屑。

火山凝灰岩:灰黑色,颗粒细小,火山尘结构,风化后结构松散。

(二)火山岩岩相

该处的火山岩形成于燕山运动早期(Ⅰ幕),中侏罗世,与上庄坨火山岩属同一期❶。以中性火山岩为主,火山口呈岩穹状,侵出相以辉石安山岩为主,宽50m左右,斑状结构,块状构造,岩石致密,坚硬,发育纵向节理(照片81)。向四周依次为爆发相、溢流相,北侧剖面的相带比较明显(图14-1)。爆发相为火山角砾岩和火山凝灰岩堆积,火山角砾岩堆积在火山口附近,岩相宽70m左右。火山凝灰岩堆积在距火山口比较远的地方,宽20m左右,风化比较严重,结构松散。溢流相主要由角闪安山岩和斜长安山岩构成,斑状结构,块状构造,具有多期性,可见流纹构造和气孔构造。

---

❶ 周琦,李延平,方德庆,等.《秦皇岛地质认识实习教学指导书》讲义. 大庆:大庆石油学院,2000.

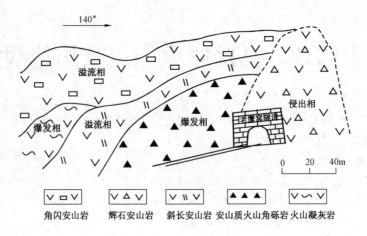

图 14-1 老鹰窝火山岩相带分布示意图

二、老鹰窝背斜构造

老鹰窝隧道口向北 1500m 处,出露了一套晚古生代二叠系砂泥岩地层,呈宽缓的背斜构造,背斜轴向为 70°,两翼大致对称,南翼倾向为 150°,倾角为 23°,北翼倾向为 355°,倾角为 25°(图 14-2)。上部地层为黄褐色中厚层中砂岩,厚 5~8m 左右,发育大量高角度的张裂缝;中间地层为粉砂岩和泥质粉砂岩,土黄色,厚 8~10m,风化严重,植被发育;核部为厚层粗砂岩,单层厚 2m 左右,总厚度为 10~12m。

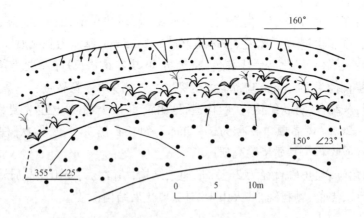

图 14-2 老鹰窝隧道口北 1500m 处背斜构造示意图

第二节 马蹄岭垭口二叠系地层及构造

一、二叠系地层特征

马蹄岭垭口两侧山坡的地层为二叠系砂岩和粉砂质泥岩❶。砂岩为浅黄色,有中砂岩和粗砂岩,厚层状,胶结程度高,质地坚硬。发育板状交错层理,纹层上宽下窄,并向底部收敛,由

---

❶ 中国地质大学(北京).《北戴河地质认识实习指导书》讲义. 北京:中国地质大学(北京),2001.

此可以判断地层的上下关系、沉积环境和水流方向❶(图14-3)。分析认为这一套砂岩地层为河流沉积成因。

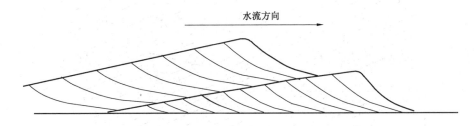

图14-3　板状交错层理及水流方向指向示意图

二、构造现象

(一)垭口南端东侧断层及交切关系

垭口南端东侧发育一条逆断层和一条正断层(图14-4)。逆断层的走向为95°,倾向为5°,倾角为28°。断层面呈缓波状,断层两侧地层被错开,粉砂质页岩向上逆冲与厚层砂岩对接,断面上形成了一层断层泥,上盘粉砂质页岩受摩擦阻力的影响,地层牵引弯曲,形成了一个牵引褶皱,弧顶指向本盘的运动方向。正断层走向为180°,倾向为90°,倾角为40°,厚层砂岩被断开,上盘的厚层砂岩向下滑动,与下部粉砂质页岩对接。正断层终止于逆断层,被逆断层限制,由此可以判断正断层的形成晚于逆断层❶。

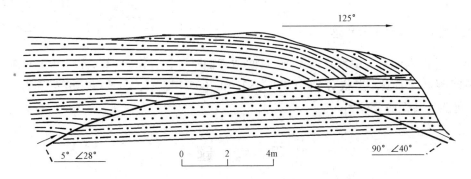

图14-4　马蹄岭垭口南端东侧断层剖面示意图

(二)垭口南端西侧逆断层

垭口西侧发育地层为粉砂质页岩,地层产状为10°∠28°。地层明显被错开,并有相对位移(图14-5),剖面上,中部位移大,向两端位移逐渐减小,并逐渐消失,转变为节理。断面平整,无充填物,断层上盘发育牵引褶皱,弧顶指向与倾向相反,综合判断为逆断层❶。断层走向为130°,倾向为220°,倾角为18°。

---

❶ 中国地质大学(北京).《北戴河地质认识实习指导书》讲义．北京:中国地质大学(北京),2001.

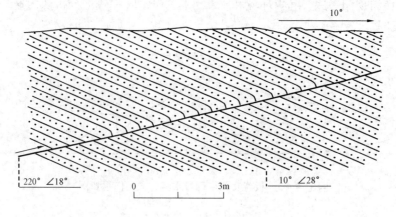

图 14 - 5　马蹄岭垭口南端西侧断层剖面示意图

（三）垭口中部东侧逆断层

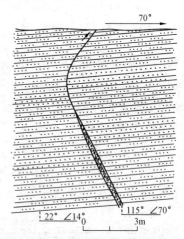

该逆断层近于直立,断面产状变化大(图 14 - 6),下部倾向为 SEE,倾角为 70°,上部倾向为 NW,倾角为 75°,中下部发育断层带,宽几十厘米,被断层泥充填,断层泥呈褐黑色,下部断面紧闭。根据标志地层的相对位移,东侧地层向上逆冲,西侧地层下掉,下部表现为逆断层的特征,上部表现为正断层的特征,根据总体趋势,该断层为逆断层❶。

（四）垭口公路西侧节理

在垭口公路西侧岩层中发育两组剪节理,节理面平整,节理间距几十厘米,产状分别为 87°∠87° 和 200°∠85°。可能为共轭剪节理❶。

图 14 - 6　马蹄岭垭口中部东侧断层剖面示意图

思 考 题

（1）对比分析马蹄岭火山岩与上庄坨火山的异同点。

（2）根据露头观察,分析马蹄岭不同断层的形成机制。

（3）断层活动的时间是如何确定的?

（4）在露头观测中,如何区别辉石矿物和角闪石矿物?

（5）试总结不同性质、不同产状的断层与地层重复和缺失的关系。

❶ 中国地质大学(北京).《北戴河地质认识实习指导书》讲义. 北京:中国地质大学(北京),2001.

第十五章　老虎石基岩海岸岩石特征及海洋地质作用

实习路线:北戴河滨海老虎石公园及附近海滩。

构造位置:柳江盆地外围,燕山隆起与渤海湾凹陷过渡带上。

考察内容:(1)观察基岩海岸的海蚀地貌和海蚀现象;

　　　　　(2)对比观察砂质海岸与基岩海岸波浪的运动特征及地质作用;

　　　　　(3)观察新太古界变质岩的岩石特征;

　　　　　(4)观察、测量岩石中的节理,分析节理的成因。

第一节　老虎石地区的地貌特征及海洋地质作用

一、海岸地貌

老虎石是由抗风化能力比较强的粗粒花岗片麻岩和伟晶岩岩脉突出的岬角,由于裂缝(节理)发育,被海水冲蚀、切割,逐渐成为海蚀残丘。特大潮时这些残丘与陆地分隔开,退潮时由连岛沙洲与陆地相连。

老虎石地区属于基岩海岸和沙质海岸地貌,老虎石基岩与联峰山的岩石基本相同,是以斜长石、正长石、石英、角闪石和黑云母等矿物组成的新太古界花岗片麻岩为主,伟晶岩岩脉穿插其中。老虎石属于海蚀残丘,向海延伸距离为150m左右,总面积为2000m²左右,涨潮时面积减小,退潮时面积扩大,岩石之间以及岩石与陆地之间为沙质沉积。残丘后侧是宽阔的滨海沙滩。

二、海洋地质作用

(一)海蚀作用

老虎石地区的海蚀现象主要有海蚀凹槽、海蚀沟和海蚀坑。海蚀凹槽主要发育在高出高潮线的残丘上,分布在向海面,近水平分布,凹槽的槽高为10~30cm,槽深为10~40cm,凹槽断面呈喇叭口状,外部宽,里面窄。在老虎石西侧比较高大的残丘上发育有两条海蚀凹槽(照片82),二者高差相差1m,下部一条位于目前的高潮线附近,上部一条高于现今高潮线1.0m左右。在靠陆地附近的基岩上(雕塑底座),发育两条海蚀凹槽(照片83),大约10cm深,槽高5~8cm,上下两期高差相差1.0m左右,横向延伸长度5m左右,下部海蚀凹槽高出现在高潮线1.0m左右,与老虎石西侧上部的凹槽应该是同时间形成的。老虎石顶面与基座上部的海蚀凹槽高度基本一致,基座顶部(人工进行了改造,比实际的低了一些)与现在的海岸基岩(路面)

的高度大致相当,属于古波切台,这样推算的结果说明该区曾经经历过三次明显的间歇性抬升。波切台曾经与原海平面高度一致,第一期海蚀凹槽是第一次抬升后间歇期的海平面,第二期海蚀凹槽是第二次抬升后间歇期的海平面,第三次抬升后,形成第三期海蚀凹槽,即现今海平面。

海蚀沟主要是沿原来的节理(裂缝)延伸,将原有的节理进一步冲蚀、加宽、加深。根据测量结果,冲蚀沟主要有两个方向,一组为344°,另一组为55°,宽度为0.3～0.5m,深度为0.1～1.0m。

海蚀坑是由于岩石的不均一性,某些部位抗风化、抗冲蚀能力弱,在海水的侵蚀下,在岩石表面形成大小、深浅不一的凹坑。海蚀坑的直径一般为10～20cm,深度为5～10cm。涨潮后海蚀坑被海水淹没,或波浪带入海水,退潮后海水被残留在海蚀坑中,在阳光的蒸发下会析出食盐晶体。

(二)沉积作用

沉积作用主要发生在老虎石残丘间、残丘和陆地之间以及老虎石两侧宽阔的沙质海滩上。

老虎石两侧的沙质海滩低潮期沙滩的宽度大约为60m,由于人工改造,后滨宽度只有50m左右,坡度为3°左右,以粗砂和砾为主,主要成分为石英、正长石和斜长石,含量分别为35%、30%和25%;黑云母含量为8%,另有少量其他暗色矿物,并含有较多的海洋生物碎屑。前滨宽10m,前滨上部宽6m,坡度为5°～8.5°,以粗砂和砾沉积为主,发育冲洗交错层理,石英含量为30%,正长石含量为35%,斜长石含量为30%,黑云母含量为5%,分选较好,磨圆度为次圆状。前滨下部宽度大约为4m,坡度为2.5°,以细砂和粉砂为主,分选好,磨圆度为次圆状,石英含量为40%,正长石含量为30%,斜长石含量为25%,黑云母含量为5%,该处含有较多的生物碎屑。表面发育波痕,波宽7cm,波高1cm,不对称,向海面半波长4cm,背海面半波长3cm,波峰为细砂,波谷为粉砂。

海蚀残丘与陆地之间往往会形成连岛沙洲。连岛沙洲是由于波浪运动到海蚀残丘时能量降低,并发生折射,两侧的波浪折射后相向运动,能量相互抵消,携带的碎屑物不断沉积,最后形成高出水面的连岛沙洲❶。老虎石与陆地之间的距离为100m左右,沙洲呈哑铃形,退潮期连岛沙洲最窄处的宽度25m左右,涨潮期最窄处宽度不足5m,特大潮时老虎石与陆地分离。沙洲顶部平坦,主要为粗砂、细砂和粉砂堆积,其中粗砂含量为20%,细砂含量为45%,粉砂含量为30%,另有少量的砾,含有大小不等的海洋生物碎屑。矿物成分主要为石英、正长石和斜长石,含量分别为35%、35%和25%,含少量的暗色矿物。磨圆度为次圆状,分选中等。沙洲顶部平坦,两侧坡度变陡,坡度角大约为7°,主要为细砂和粉砂堆积,分选好—中等,磨圆度为次圆状,在高潮线附近有带状分布的砾,沙滩表面光滑,内部发育冲洗交错层理。在低潮线附近坡度变缓,小于3°,主要堆积粉砂和细砂,分选好,磨圆度为次圆状。有比较多的生物潜穴和生物排泄物等遗迹。发育小型波痕,波长6cm,波高3cm。在低潮线附件发育一些低平的沙坝,沙坝宽度一般为1～3m,坝高5～10cm,平行海岸分布,延伸长度为10～20m,坝顶发育细小的潮汐冲蚀沟。

---

❶ 中国地质大学(北京).《北戴河地质认识实习指导书》讲义.北京:中国地质大学(北京),2001.

第二节 老虎石地区岩石特征

老虎石地区出露的岩石主要为新太古界变质岩,主要有花岗片麻岩、角闪花岗片麻岩、二长花岗片麻岩以及伟晶岩岩脉等。

灰白色花岗片麻岩:灰白色,中、粗粒结构,变余花岗结构,片麻状构造,也有块状构造、条带状构造(照片84)。主要成分中斜长石含量为43%,石英含量为35%,正长石含量为10%,角闪石含量为8%,另有少量的黑云母和磁铁矿。颗粒直径为3~7mm,最大可达10mm。这类岩石主要分布在老虎石的西侧和东侧。

灰黑色角闪花岗片麻岩:灰黑色,中粒结构,片麻状构造、条带状构造。石英含量为25%,斜长石含量为40%,正长石含量为10%,角闪石含量高达20%,局部最高可达30%,另有少量的黑云母。颗粒直径为3~5mm。这类岩石主要分布在老虎石的中部靠北侧。

浅肉红色二长花岗片麻岩:浅肉红色、肉红色,中粗粒结构,块状构造,弱片麻状构造,条带状构造。石英含量为20%,正长石含量为45%,斜长石含量为27%,角闪石含量为8%。颗粒直径为3~8mm,最大可达10mm。这类岩石主要分布在老虎石的局部地段和靠岸处的雕塑基座下(照片83)。

花岗伟晶岩:呈岩脉状产出,灰白色,伟晶结构,块状构造。石英含量为35%,斜长石含量为63%,有少量的其他暗色矿物。晶体颗粒直径为10~20mm,最大可达50mm。斜长石白色,具瓷板状光泽,断口平直,晶形完整,两组解理,一组完全,一组中等;石英颗粒呈灰白色,具油脂光泽,半透明状,晶形不完整,多呈粒状,断口粗糙。岩脉的规模大小差别很大,大的伟晶岩岩脉宽70cm左右,延伸长度大于10m,小的岩脉宽度只有2~3cm,延伸长度不足1m。大型岩脉的走向相对一致,大致上在345°左右。

石英伟晶岩:呈岩脉状产出,灰白色,伟晶结构,块状构造。主要成分是石英,含量大于90%,局部有少量的斜长石,晶体颗粒直径为5~30mm。石英伟晶岩岩脉的规模一般较小,宽2.0~3.0cm,延伸长度一般不超过1.0m。

第三节 老虎石地区节理发育特征

一、观察点 1——老虎石公园西侧围墙外靠近低潮线

灰白色花岗片麻岩,发育三组节理:(1)走向为180°,倾向为90°,倾角为86°,密度为5条/2m;(2)走向为105°,近直立,密度为3条/7m;(3)走向为230°、倾向为216°,倾角为84°,密度为4条/3m。裂缝切穿岩脉,说明是在岩脉侵入后形成。

二、观察点 2——老虎石公园西侧围墙外高潮线以上靠近海岸

灰白色花岗片麻岩,发育三组节理:(1)走向为172°,近于直立,密度为22条/5m,间距为3~14cm;(2)走向为114°,近于直立,密度为7条/2m;(3)走向为127°,近于直立,密度为5条/2m。一二组为共轭剪节理,第三组为张节理,张节理面不平直,密度小。

三、观察点 3——老虎石最西端

灰白色中粗粒花岗片麻岩,发育四组节理:(1)走向为 26°,倾向为 116°,倾角为 50°,密度为 5 条/1m;(2)走向为 54°,倾向为 144°,倾角为 75°,密度为 3 条/2m;(3)走向为 41°,倾向为 131°,倾角为 80°,密度为 11 条/1.5m;(4)走向为 160°,倾向为 70°,倾角为 80°,密度为 2 条/3m。节理面平直,宽度大,部分节理被海浪冲蚀后转化为了冲蚀缝,宽度被扩大数十倍。

四、观察点 4——老虎石西南端

灰白色中粗粒花岗片麻岩,发育两组节理:(1)走向为 330°,倾向为 240°,倾角为 80°,密度为 13 条/10m;(2)走向为 232°,倾向为 142°,倾角为 87°,密度为 8 条/10m。

五、观察点 5——老虎石南端

灰白色中粗粒花岗片麻岩,发育两组节理:(1)走向为 355°,倾向为 85°,倾角为 62°,密度为 27 条/5m;(2)走向为 330°,倾向为 60°,倾角为 89°,密度为 15 条/3.5m。

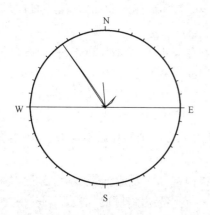

图 15-1 老虎石地区节理
走向玫瑰花图

六、观察点 6——老虎石东侧

灰白色中粗粒花岗片麻岩,发育四组节理:(1)走向为 45°,倾向为 315°,倾角为 67°,密度为 15 条/10m;(2)走向为 83°,倾向为 353°,倾角为 65°,1 条;(3)走向为 158°,倾向为 68°,倾角为 79°,密度为 17 条/10m;(4)走向为 56°,倾向为 146°,倾角为 80°,密度为 6 条/5m。

老虎石地区节理发育,以剪节理为主,大部分节理面平直,多属高角度和垂直节理,根据编制的节理走向玫瑰花图分析(图 15-1),主要以三个方向为主,即 320°~330°,350°~360°,40°~50°。其中 320°~330° 方向的裂缝最发育。

思 考 题

(1)试总结野外露头中节理(裂缝)的测量与研究方法。
(2)试对比分析基岩海岸与沙质海岸海洋地质作用的异同点。
(3)观察分析老虎石地区是否存在海岸阶地,如果有,可以划分出几级?
(4)老虎石的存在对周边海滩的沉积有哪些影响?
(5)详细观察老虎石附近波浪的运动规律,分析连岛沙洲的成因。

第十六章 联峰山新太古界花岗片麻岩岩石特征及裂缝发育特征

> **实习路线:**北戴河联峰山公园大门口—瞭望塔—望海峰—神山。
> **构造位置:**柳江盆地外围,燕山隆起与渤海湾凹陷过渡带上。
> **考察内容:**(1)观察新太古界变质岩的类型和岩石特征;
> (2)观察、测量岩石中的裂缝;
> (3)分析裂缝的成因,掌握裂缝的测量与分析方法。

第一节 联峰山变质岩的类型及特征

整个联峰山主要是由新太古代花岗岩发生区域变质后的各类变质岩构成。其主要岩石类型有黑云母片麻岩、花岗片麻岩、斜长片麻岩、二长花岗片麻岩以及花岗伟晶岩、石英伟晶岩、磁铁矿和闪长岩岩脉等。

黑云母片麻岩:主要分布在望海亭东侧 20m 处,呈带状分布,宽 10m 左右,延伸方向为197°。灰黑色,黑云母定向排列,呈片麻状构造(照片 85),中细粒结构,颗粒直径为 1～3mm,个别可达 5mm。见肠状构造(照片 86)、条带状构造和透镜状构造(照片 87)。其主要矿物为黑云母,含量为 45% 左右,局部含量最高可达 60%,石英含量为 20%,斜长石含量为 20%,正长石含量为 8%,另含有少量其他暗色矿物。片理发育,平行分布,厚 1～3mm,厚度不均匀,当石英、长石含量高时,片理厚度增大,且片理绕过颗粒。片理走向为 197°,倾向为 287°,倾角为55°,局部夹细晶岩岩脉透镜体,透镜体一般宽 10cm,长 30cm,岩脉呈晕圈状(照片 87)。岩石中微裂缝发育,多沿片理延伸。

灰白色花岗片麻岩:区内分布比较多,主要分布在从避雨石到望海石这一段路上。灰白色,中粗粒结构,弱片麻状构造,块状构造。其矿物成分中斜长石含量为 43%,石英含量为32%,正长石含量为 10%,角闪石含量为 8%,并含少量黑云母。表面风化严重,风化缝发育。

浅肉红色二长花岗片麻岩:主要分布在神山西侧 80m 处。中粒结构,其正长石含量为35%,斜长石含量为 30%,石英含量为 28%,角闪石含量为 5%,另有少量其他暗色矿物。弱片麻状构造,块状构造。

灰色角闪斜长片麻岩:中细粒,片麻状构造,条带状构造。其斜长石含量为 38%,石英含量为 20%,角闪石含量为 18%,正长石含量为 14%,黑云母含量为 10%。黑云母呈褐色片状,颗粒直径为 0.5～1mm,石英颗粒直径为 1mm 左右,斜长石颗粒直径为 2～3mm,正长石颗粒直径为 1～3mm,角闪石颗粒直径为 0.5～1.5mm。片理发育,片理走向为 155°。岩石被石英伟晶岩和花岗伟晶岩岩脉穿插切割。风化缝发育。这类岩石主要分布在去望海亭山坡的中段。

灰白色花岗伟晶岩:分布普遍,呈灰白色,伟晶结构,块状构造。其斜长石含量为45%,石英含量为40%,并含少量的正长石和暗色矿物。神山西侧50m处发育一条规模比较大的花岗伟晶岩岩脉,宽1m左右,延伸长度大于20m,走向为15°,倾向为105°,倾角为60°,晶体颗粒直径为5~10mm,最大可达30mm。节理发育,主要是一组大型节理,走向为280°,倾向为190°,倾角为85°,节理宽0.5mm,长10cm,密度为13条/30cm。另外内部还发育许多不规则的小节理,由于风化作用,晶体间孔隙发育。神山下面发育一条大型花岗伟晶岩岩脉,其斜长石含量为65%,晶体颗粒直径为10~50mm;石英含量为35%,颗粒直径一般为10~15mm,形状不规则,有规律地镶嵌在粗大的斜长石晶体颗粒内部,构成了文象结构(照片88)。岩脉宽1~1.5m,延伸长度为20~30m,走向为175°,岩脉内部又被细晶岩脉充填(照片89),细晶岩岩脉的宽度为1cm左右,主要成分是斜长石和石英,说明经过了多次充填。望海亭东侧发育多条花岗伟晶岩岩脉,灰白色,伟晶结构,块状构造。其斜长石含量为65%,石英含量为25%,黑云母含量为8%,另有少量其他矿物。斜长石晶体颗粒直径为30~50mm,石英颗粒直径为5~10mm。其中一条规模比较大的岩脉宽5m,延伸长度大于50m,走向为35°。

灰白色石英伟晶岩:以岩脉形式产出,灰白色、暗灰色,主要成分为石英,含量大于90%。石英伟晶岩岩脉一般规模比较小,宽度只有几厘米,长度只有几米。照片90所示为前往望海塔山坡路上的一处石英伟晶岩岩脉,暗灰色,石英晶体颗粒直径为30mm左右,岩脉宽3~4cm,长1.0m左右,走向为65°,倾向为155°,倾角为75°。

磁铁矿岩脉:灰褐色,致密坚硬,榔头敲击发出金属声音,其粉末可以被磁铁吸附。主要分布在望海亭东侧黑云母片麻岩中,呈岩脉状产出,宽0.3m,长1.0m,沿片麻岩的片理延伸。

闪长岩岩脉:灰色,风化后呈灰褐色,细粒结构,颗粒直径小于1mm。其角闪石含量为50%左右,斜长石含量为40%,并含有黑云母和磁铁矿等矿物。其规模比较小,呈岩脉状分布在花岗片麻岩中。

第二节　联峰山变质岩中裂缝(节理)发育特征

联峰山地区分布的变质岩经历了多期构造运动和长期的风化作用,各类裂缝十分发育。根据观察结果,主要有构造缝、风化缝、溶蚀缝和成岩缝。

一、观察点1——去临风亭的路南侧

灰白色中粗粒花岗片麻岩,其主要矿物成分为斜长石,含量为60%,石英含量为25%,角闪石含量为10%,少量黑云母和磁铁矿。被伟晶岩岩脉穿插切割,伟晶岩呈伟晶结构,晶体颗粒直径为5~25mm。其主要成分为斜长石(65%)和石英(30%),含少量黑云母和其他暗色矿物。黑云母呈褐色片状,直径可达30mm。岩脉宽3~4cm,延伸长度10m左右,走向为140°,倾向为140°~90°,倾角为28°。发育两组节理,一组走向30°,近直立,密度为11条/1m;另一组走向105°,近直立,2条/0.3m,二者呈共轭关系。节理终止于岩脉。

二、观察点2——临风亭

临风亭坐落在巨大的花岗伟晶岩岩脉上。灰白色花岗伟晶岩岩脉呈伟晶结构,条带状构造。其斜长石含量为 60%，石英含量为 35%，含有少量的角闪石和其他暗色矿物。发育两组节理，一组走向为 170°，近直立，密度为 23 条/4m；另一组走向为 100°，近直立，密度为 5 条/1m，延伸深度 1m 左右，上部宽度大，向下逐渐消失。

三、观察点 3——瞭望塔南侧

灰白色花岗片麻岩，表面风化缝发育。裂缝不规则，呈龟裂状，单条缝延伸长度为 5~30cm，多弯曲状，相互交叉，构成不规则的网格状（照片 91）。裂缝剖面上呈楔状，上部宽 3~10mm，下部收敛，直至消失，切割深度为 5~10cm。宏观缝的密度为 50 条/m²。

四、观察点 4——望海亭东北侧坡路的下部

灰白色中粒花岗片麻岩，片麻状构造，块状构造，岩脉发育。其斜长石含量为 50%，石英含量为 30%，正长石含量为 10%，角闪石含量为 8%，含少量黑云母。发育三组节理，一组走向为 168°，倾向为 258°，倾角为 83°，密度为 4 条/1.5m；第二组走向为 70°，倾向为 160°，倾角为 74°，密度为 16 条/1.5m；第三组走向为 23°，倾向为 293°，近直立，密度为 15 条/2m。节理平直，宽 1~2mm，延伸深度为 0.1~0.5m，节理网格中发育很多更细小的次级微节理。

五、观察点 5——望海亭西侧下山坡路的中段

灰白色中粒花岗片麻岩，弱片麻状构造，条带状构造，块状构造，中粒结构。其斜长石含量为 60%，石英含量为 30%，角闪石含量为 5%，黑云母含量为 5%。充填花岗伟晶岩岩脉，岩脉宽 3cm，长 10m 左右，走向为 120°，倾向为 30°，倾角为 55°。在花岗片麻岩中发育一组"X"形共轭剪节理，一组走向为 90°，倾向为 180°，倾角为 66°，密度为 5 条/1.3m；另一组走向为 10°，倾向为 280°，倾角为 35°，密度为 5 条/1m。这两组节理倾角相对比较缓，节理面没有充填物，分析认为这是由局部垂向主应力作用下形成的（照片 92）。

六、观察点 6——神山南侧小山坡

浅肉红色中粒二长花岗片麻岩，弱片麻状构造，块状构造，中粒结构。其正长石含量为 35%，斜长石含量为 30%，石英含量为 28%，另有少量的角闪石和黑云母。被多条花岗伟晶岩岩脉切割。发育四组大型剪节理：第一组走向为 170°，倾向为 80°，倾角为 84°，密度为 15 条/7m；第二组走向为 20°，倾向为 290°，倾角为 70°，密度为 38 条/7m；第三组走向为 105°，倾向为 195°，倾角为 67°，密度为 25 条/3.5m；第四组走向为 150°，倾向为 240°，倾角为 87°，密度为 8 条/7m。节理纵向延伸深度为 1m 左右，随着深度增加，节理密度降低。在主节理之间的网格中发育很多次级微羽状节理，与主节理斜交（照片 93），微羽状节理的密度比较大，为 35 条/30cm，与主节理呈锐角相交，长度 10~30cm。分析认为，这四组节理两两共轭，第一组和第三组是共轭关系，第二组和第四组是共轭关系。

七、观察点 7——神山北侧山坡

灰白色中粒花岗片麻岩，弱片麻状构造，块状构造，中粒结构。其斜长石含量为 60%，石英含量为 25%，角闪石含量为 10%，黑云母含量为 5%。岩石被多条花岗伟晶岩岩脉切割。

岩石中发育三组大型剪节理:一组走向为5°,倾向为95°,倾角为72°,密度为3条/8m;第二组走向为70°,倾向为340°,倾角为89°,密度为18条/6m;第三组走向为110°,倾向为200°,倾角为89°,密度为11条/3m。第一组规模大,延伸远,开度大,但密度低。第一、二组为共轭关系(照片94),第三组形成时间较晚,切割前两组。从北侧悬崖处观察,随着深度增加,裂缝密度降低,最大延伸深度一般不超过10m。

八、观察点8——神山西侧山坡

浅肉红色中粒花岗片麻岩,弱片麻状构造,块状构造,中粒结构。其斜长石含量为45%,石英含量为25%,正长石含量为15%,角闪石含量为5%,黑云母含量为5%。发育三组节理:一组走向为125°,倾向为215°,倾角为66°,密度为5条/2m;第二组走向为52°,倾向为142°,倾角为65°,密度为10条/1.5m;第三组走向为2°,倾向为272°,倾角为74°,密度为6条/1.2m。第一、二组节理为共轭关系。

九、观察点9——神山北侧悬崖处

在联峰山地区发育很多溶蚀缝,溶蚀缝大多是原来的裂缝在地表水、地下水的作用下,不断溶蚀、冲刷扩大(照片95),溶蚀缝的高度一般为10cm左右,横向延伸宽度为1~3m。有些规模大的溶蚀缝扩展成了溶蚀洞。

十、观察点10——神山北侧悬崖处

该处为花岗片麻岩,发育两条低角度缝(照片95),距地表深度为3~5m,延伸长度为5m左右,近水平,分析认为这些低角度缝属于应力释放缝。

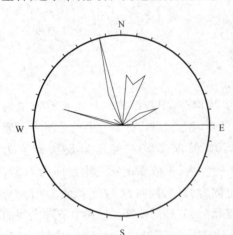

图16-1 联峰山裂缝走向玫瑰花图

联峰山地区裂缝发育,有构造缝、风化缝、溶蚀缝和成岩缝。构造缝以剪裂缝(节理)为主,裂缝(节理)面平直,多为高角度和垂直裂缝。根据编制的节理走向玫瑰花图(图16-1),该地区裂缝主要以四个方向为主:5°~30°,60°~70°,280°~290°,330°~350°。其中5°~30°和330°~350°方向的裂缝为共轭关系,主应力大致上为南北向,可能在印支期形成。60°~70°和280°~290°(互补方向100°~110°)方向的缝为共轭关系,主应力大致上为东西向,可能在燕山期形成。构造缝受岩石性质影响明显,伟晶岩岩脉中裂缝不发育;黑云母片麻岩塑性比较强,片理发育,但裂缝不发育;花岗片麻岩和二长花岗片麻岩中裂缝发育。风化缝规模小,密度大,切割深度小,发育不规则,受地貌影响明显,突出的地貌裂缝密度大,断层发育处风化缝密度大。溶蚀缝只在局部地区发育,特别是存在水平缝时,溶蚀作用往往会加强。成岩缝一般规模较小,多被早期的小型岩脉充填。

思 考 题

（1）试简述变质岩的分类方法。

（2）试总结变质岩的描述方法。

（3）试简述研究裂缝、节理的地质意义。

（4）什么是文象结构？文象结构的成因是什么？

（5）试简述节理的成因和影响因素。

第十七章 板厂峪火山岩及碳酸盐岩溶洞考察

地理位置:板厂峪公园南门—灵仙洞—风动猿人石—老虎洞—杨来楼—石简峡。

构造位置:柳江向斜北端。

考察内容:(1)详细观察火山岩岩石特征,掌握火山岩岩石的分类和定名方法;

(2)分析不同相带的岩石特征,掌握火山岩岩相划分方法;

(3)观察冰劈作用;

(4)观察溶蚀作用、溶洞构造,分析溶洞的成因。

第一节 板厂峪火山岩石类型及火山岩岩相

晚侏罗世(J_3),即燕山运动第Ⅱ幕,该区发生了强烈的构造运动,在柳江盆地发生了大规模的岩浆侵入,同时,在北部地区也发生了规模比较大的火山喷发,板厂峪地区发育多个火山口,形成了以粗面岩为主的喷出岩[3],并夹杂有大量的火山角砾岩、火山凝灰岩和火山沉积岩。

一、岩石类型

火山集块岩:浅肉红色、灰色,块状构造,火山碎屑杂乱堆积(照片96),火山集块结构。火山集块的粒径为10~300mm,大小差别大,多呈不规则的棱角状,也有椭圆形的火山弹。火山碎屑的含量占岩石体积的30%~50%,最高可超过60%。火山碎屑有粗面岩岩快、石英粗面岩岩块和凝灰岩团块。碎屑和角砾之间被火山灰充填。主要分布在一线天附近。

火山角砾岩:浅肉红色,块状构造,火山角砾结构。火山角砾多呈椭球状,也有不规则的棱角状,略定向排列,角砾直径为5~30mm,含量为30%~40%,主要由粗面岩构成。角砾间被熔岩充填,假流纹构造。纵向上分布不均,在某些层段上密集,某些层段上稀疏(照片97)。

火山泥球凝灰岩:灰白色、浅粉色、深灰色(照片98),松散,风化严重。显示似平行层理、透镜状层理。主要由火山泥球、火山灰和少量暗色晶屑组成。火山泥球大小3~10mm,多为椭球状,少数呈不规则的棱角状,略呈定向排列。火山泥球的成分实际上与火山灰的成分构成一样,火山灰喷出后飘浮在空中,在一定的湿度条件下,像雨滴一样凝结在一起,一层层增大而形成小圆球,小的如绿豆,大者如黄豆,落下后经火山灰充填固结形成火山泥球凝灰岩[12]。有些火山泥球内部呈晕圈状(照片98)。该处的火山泥球凝灰岩呈层状分布,泥球略定向排列,但并没有水流改造的痕迹,分析认为,火山灰沉降后又受到风的改造,所以颗粒多平行层面分布,并显示出一定的平行层理。晶屑主要为辉石和正长石,矿物颗粒直径一般小于1mm,个别可达3mm,含量一般小于5%。由于基质的成分不同而颜色不同,如果正长石含量高时,呈浅粉色,如果辉石含量高时,呈灰色。这类岩石主要分布在一线天到杨来楼之间的山坡处。

火山晶屑凝灰岩:青灰色,较致密,其晶屑含量一般为10%~15%(照片99),主要矿物为正长石和石英,颗粒直径为0.5~1.5mm,正长石呈半自形晶,含量为10%左右,石英呈粒状,含量为5%左右,见少量的白云母和暗色矿物。这类岩石主要分布在杨来楼山顶处。

浅棕色粗面岩:浅棕色、浅褐色,块状构造,斑状结构(照片100)。斑晶主要为正长石、角闪石和少量的石榴子石。其斑晶含量为10%~15%,粒径1~3mm。正长石斑晶呈浅肉红色,呈粒状、短柱状,为含量5%~8%;角闪石呈带绿的褐色,呈长柱状、粒状,含量小于5%;见少量的石榴石,黄褐色,断口不平,具油脂光泽,粒状,可以看到晶面。另外也可见少量的石英颗粒。基质为浅棕色,呈微晶状,主要以正长石为主。这类岩石主要分布在石简峡火山颈部位。

灰绿色、灰黑色粗安岩:深灰色、灰绿色、灰黑色(照片101),块状构造,斑状结构,断面粗糙,具粗面结构。其斑晶包括正长石、斜长石以及辉石和石榴子石。正长石颗粒直径为1~3mm,有长板状、长柱状、短柱状和粒状,含量为15%~20%;斜长石呈柱状,呈灰白色,含量为5%~10%;辉石粒径一般小于1.5mm,含量为8%~10%;石榴石呈褐色,断口具油脂光泽,断口不平,菱面体❶,粒径为1~2mm,含量为5%~8%;部分样品中见石英颗粒。基质为灰绿色、灰黑色,呈微晶状,主要以暗色矿物为主。随着岩石颜色的变深,辉石含量增加,颜色变浅,正长石、石英、斜长石含量增加。这类岩石主要分布在石简峡火山颈的最顶部,柱状节理发育。

杂色流动构造石英粗面岩:灰褐色、灰绿色、灰红色、杂色,块状构造、气孔构造,气孔直径为1~3mm。斑状结构。宏观上可见流动构造(照片102),是由不同颜色的条纹呈现出来。其斑晶主要为正长石、石英和角闪石,斑晶颗粒直径为1~3mm,含量为40%左右。其中,正长石斑晶含量为20%~30%,浅肉红色,半自形粒状;石英含量小于5%,呈粒状,断口具油脂光泽,半透明;角闪石含量小于5%,呈粒状,黑色,粒径小于1mm;石榴石含量一般小于5%,黄褐色,断口具油脂光泽,放大镜下可以看到多个晶面。这类岩石主要分布在老虎洞的北侧。

流纹构造粗面岩:紫红色,流纹构造,气孔构造,斑状结构。其斑晶主要为正长石和少量的暗色矿物以及石英。正长石斑晶浅肉红色,颗粒直径为3~6mm,定向排列。气孔发育,气孔直径一般为5~10mm,最大可达50mm,被流动的熔岩拉长,呈扁平状(照片103)。岩石中含有大量的凝灰质团块,呈球状、椭球状、长条状,直径为3~10mm,略呈定向排列,凝灰质团块多为暗红色,大部分内部无结构,有些呈晕圈状。基质呈玻璃质,颜色有暗红色、灰色。这类岩石分布在公园南门进山的水泥路旁的断崖处。

暗红色块状粗面岩:暗红色,块状构造,断面粗糙,斑状结构。其斑晶主要为正长石和少量的角闪石以及石英。其中正长石斑晶含量为15%左右,颗粒直径为1~2mm,半自形粒状结构;角闪石和石英颗粒一般小于1mm,含量低于5%。岩石中含有大量球状、椭球状凝灰质团块(照片104),呈浅棕色、暗红色,约占岩石体积的20%,粒径为3~7mm。分析认为凝灰质团块是在熔岩形成时,空中漂浮的火山灰在一定的湿度条件下,凝结在一起,飘落到正在流动的熔岩中,在高温烘烤下有些凝灰质团块有晕圈分布。

浅肉红色石英正长斑岩:浅肉红色,块状构造,斑状结构。其斑晶含量为50%左右,其中正长石含量为15%~25%,石英含量为10%~15%,并含少量的暗色矿物。斑晶颗粒直径为2~3mm。石英呈粒状,具油脂光泽,呈半透明;正长石呈半自形板状,浅肉红色;暗色矿物粒径一般小于1mm。基质呈微晶状。岩石上见微小的晶洞构造。这类岩石主要分布在板厂峪景区第一道山梁上(南门进入景区,步行上山的第一道山梁)。

---

❶ 武汉地质学院矿物教研室.《矿物学》讲义.武汉:武汉地质学院,1984.

凝灰质砾岩:杂色,块状构造、递变层理、底部发育冲刷构造(照片105)。分选差、磨圆程度低,多为棱角状、次棱角状。其颗粒的矿物成分主要为岩屑和凝灰质团块,杂基含量为20%~30%。砾石直径一般为3~8mm,最大可达20mm。砾岩厚度一般为20~30cm。这类岩石分布在南门进山的水泥路旁的断崖处,夹在粗面岩之间。

凝灰质含砾砂岩:杂色,块状构造,递变层理,平行层理(照片105)。矿物成分主要为长石、岩屑以及少量的石英。分选差,颗粒呈次棱角状,杂基含量为10%~20%。厚度为20~30cm。这类岩石分布在凝灰质砾岩上面。

凝灰质中、粗粒砂岩:杂色、灰色,其矿物成分主要为长石、岩屑和石英;分选差,磨圆程度低;厚10~20cm;发育平行层理,波纹层理等。这类岩石分布在凝灰质含砾砂岩上面。

灰色块状粉砂质泥岩:灰色,块状,厚10~30cm左右,这类岩石夹在厚层凝灰质砂岩和凝灰质砾岩中间(照片105)。

二、板厂峪火山岩相

根据岩石类型观察,板厂峪火山岩是中酸性岩浆喷发形成,形成于晚侏罗世,即燕山运动第Ⅱ幕时期,应该与响山花岗岩为同源。有多个火山口,一处位于石简峡,是主火山口,呈东西向带状分布,规模较大,另一处位于老虎洞,规模较小,属于寄生颈。板厂峪的火山岩相发育齐全,根据岩石特征可以划分出次火山岩相、火山颈相、侵出相、溢流相、爆发相和火山沉积相(图17-1)。

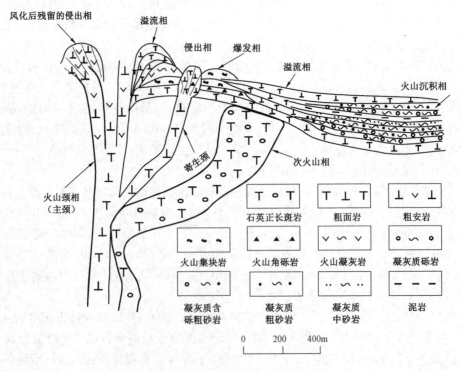

图17-1 板厂峪火山岩相示意图

次火山岩相:主要分布在板厂峪酒店北侧100m处的山梁上。为浅肉红色石英正长斑岩,块状构造,斑状、似斑状结构。表面风化严重,长石风化成松散的高岭土。发育两组高角度节理,一组走向为270°,倾向为180°,倾角为70°,另一组走向为235°,倾向为145°,倾角为85°。

火山颈相:两处的火山颈相特征都比较明显。石简峡火山口大致上是沿东西向延伸,长度为 1000m 左右,宽度为 50~100m 左右,是一处火山口带,主颈在石简峡东出口处,现在是一个直径 200m 的圆形深凹坑。其岩性主要为灰绿色粗安岩、浅棕色粗面岩。纵向上分带明显(照片 106),上部为灰绿色、灰黑色粗安岩,柱状节理,节理间距 10~50cm,延伸深度为 30m。主要有三组,一组走向为 220°,倾向为 130°,倾角为 85°;另一组走向为 150°,倾向为 60°,倾角为 70°;第三组走向为 220°,倾向为 310°,倾角为 82°。下部为浅棕色粗面岩,块状构造,节理不发育。上部岩相形成时间略早于下部,在接触带上部的灰绿色粗安岩明显存在被烘烤现象,有烘烤晕。老虎洞火山颈的规模较小,为寄生颈,岩性为浅肉红色石英粗面岩。其斑晶含量为 40%~50%,斑晶主要为正长石和石英,其中正长石含量为 30% 左右,石英含量为 10% 左右,斑晶粒径为 1~3mm。岩石破碎,节理发育,其密度为 7 条/30cm。节理走向为 175°,倾向为 85°,倾角为 80°。由于节理比较发育,比较容易开凿,所以老虎洞、闭关洞都分布在这一岩相中。

侵出相:分布在老虎洞北侧 15m 处。岩性为杂色石英粗面岩,块状构造、流动构造、气孔构造,气孔直径为 1~3mm。斑状结构。见角岩和矿物捕房体。地貌外形上呈丘状分布。石简峡火山口的侵出相已被风化掉,现在是负地貌,但在火山口的两侧残留有少量的侵出相,发育放射状节理(照片 107)。

溢流相:主要分布在板厂峪景区的南部,以流动构造粗面岩和块状构造粗面岩为主(照片 103、照片 104)。发育流纹构造,流动构造、气孔构造和块状构造,斑状结构。斑晶主要为正长石和少量的暗色矿物以及石英。岩石中含有大量的凝灰质团块,呈球状、椭球状、长条状,直径为 3~10mm,略呈定向排列,凝灰质团块多为暗红色,大部分内部无结构,有些具有晕圈状结构。基质呈玻璃质,基质颜色包括暗红色、灰色,呈流纹状条带分布。

爆发相:板厂峪火山岩的爆发相比较发育,厚度大,面积广,这可能与岩浆黏度大,能量强有关。主要分布在山顶仙人桥、一线天到杨来楼一带。爆发相的产物主要为火山集块、火山角砾、火山弹、火山尘、火山灰等(照片 96、照片 97)。岩石类型有火山集块岩、火山角砾岩、火山凝灰岩,主要为集块结构、火山角砾结构和似层状结构(照片 108)。

火山沉积相:从板厂峪景区南门进入后,看完灵仙洞,沿水泥路进入山区,在到达山脚下停车场前的水泥路边的悬崖上可以看到火山熔岩中间夹了一套厚度为 30m 左右的火山沉积岩,主要岩性为凝灰质砾岩、含砾砂岩、中粗粒砂岩和灰色块状粉砂质泥岩。发育冲刷构造、正递变层理、平行层理、波纹层理和水平层理。分析认为它属于小湖盆浊积岩沉积,可以识别出 6~8 个不完整的鲍马序列(照片 105)。

第二节　板厂峪碳酸盐岩溶蚀作用及溶洞构造

板厂峪景区南部奥陶系灰岩中发育一大型溶洞,即著名的灵仙洞。

灵仙洞整体走向为 200°,洞长 100m 左右,洞宽 3~5m,洞呈弯曲状延伸,洞中潮湿,洞顶渗水。进洞后多处分叉,主洞走向为 210°,侧洞走向为 180°,洞壁为石灰岩,深灰色,洞底见大量淤泥,洞内发育大量裂缝。从洞口进入 80m 左右,见大厅,大厅高 3.0m,长 11m,宽 4.5m,大致呈月牙形。顶部见小型钟乳石,呈倒锥状,长 5cm,根部直径为 2cm,端部直径小于 1cm,由泥和石灰花构成。洞壁见水流横向流动的冲蚀痕迹,凹槽宽 0.5m,高 0.7m。凹槽内见横向冲蚀纹,平行排列,间隔2cm左右,冲蚀纹倾向为240°,倾角为5°,说明洞内曾经有暗河流动。也见纵向冲沟,纵向冲沟宽5～10cm,深5～10cm,呈凹槽状,平行排列,间隔3～10cm,长0.6m左右。

进入洞内60m,见落水洞,直径约4m,洞所在位置走向为235°。洞顶见钟乳石,黄白色,呈倒锥状,锥长2～5cm,直径为0.5～1cm,呈同心圆状,外围稀疏,表面为2mm的薄层,灰白色,中部颜色较深,较致密。洞内石灰岩青灰色,地层走向为230°,倾向为320°,倾角为85°。中厚层石灰岩与薄层泥灰岩互层,发育水平层理。

中科院古脊椎动物与人类研究所于2003年开始对灵仙洞进行发掘,至今已有大量的斑鬣狗化石被出土,其中发现了迄今为止全世界保存最完整的斑鬣狗头骨化石。斑鬣狗(*Crocuta*)是食肉目鬣狗科成员,斑鬣狗身长950～1600mm,尾长250～360mm,体重40～86kg,下颌骨强大,上颌犬齿不发达,群体生活。在史前分布比较广泛,也是我国常见的史前动物,而现今其分布基本限于非洲。灵仙洞中的斑鬣狗化石形成于1.1万年前(据板厂峪景区资料)。根据一些研究成果,在周口店地区,斑鬣狗长期与北京猿人争夺洞穴和猎物。灵仙洞的地理环境和特点与北京周口店极其相似,是否也有古人类的生活遗址,需要进一步发掘验证。

第三节　板厂峪其他地质现象

一、倒石锥

倒石锥是物理风化的产物[1]。物理风化作用形成的岩块和岩屑从比较陡峭的岩壁上崩落下来,在重力作用下沿山坡滚落到比较缓的坡脚处堆积。由于崩积物只作了短距离的移动,通常成棱角状,大小混杂堆积。倒石锥的形态呈上尖下宽的锥状体,平面上呈三角形,上部岩块小下部岩块粗大。岩块的成分与山坡上的基岩一致。

由于板厂峪火山岩纵向节理发育,在物理风化作用下形成大量的倒石锥。随着倒石锥的不断堆积,会逐渐失去稳定状态,在洪水作用下容易形成泥石流,毁坏道路、村庄和植被。因此在倒石锥发育地区要注意监测,加强治理,防止地质灾害的产生。

二、冰劈作用

在岩石节理发育的地区,充填在节理里的水结冰,体积膨胀,作用于岩石,使裂隙变宽变大(实验证明,当水结成冰后,体积会扩大9.2%)。经过反复的溶解和结冰过程,再加上其他的风化作用,裂隙就会越来越大,直至有一天岩石就会突然开裂,岩块从大的岩体上脱落。这种风化作用,叫作冰劈作用[1]。

板厂峪地区的火成岩纵向节理发育,正是由于冰劈作用,使一个个岩块从岩体上脱落,堆积在山谷中,最终形成大面积、不规则棱角状岩石堆积的岩石滩,称为"石海"。这些岩石堆中,岩石的块体大小混杂,相差悬殊。

板厂峪地区有两处规模比较大的冰劈岩石滩,即大石海和小石海。

板厂峪地区地质历史时期是否发生过冰川作用,需要通过深入考察,寻找更多的证据。

---

[1] 徐成彦,赵不亿.《普通地质学》讲义.武汉:武汉地质学院,1983.

思 考 题

（1）查阅资料，试分析秦皇岛地区的溶洞和岩溶地貌主要发育在哪个时代的地层中。

（2）试对比分析板厂峪火山岩与上庄坨火山岩的异同。

（3）试分析火山岩中的柱状节理成因。

（4）试总结板厂峪火山地貌的特征。

（5）试分析火山岩地貌的旅游开发价值，并说明国内有哪些景区是以火山岩地貌为主体开发的。

参 考 文 献

［1］牛平山,张燕君,法蕾. 从山羊寨哺乳动物化石看柳江盆地洞穴堆积的时代与环境. 海洋地质与第四纪地质,2003,23(2):117－122.

［2］华东石油学院矿物教研室. 沉积岩石学. 北京:石油工业出版社,1982.

［3］中国地质大学武汉. 北戴河地质认识实习简明手册. 武汉:中国地质大学出版社,2000.

［4］王鸿祯,刘本培. 地史学教程. 北京:地质出版社,1980.

［5］裴亦楠,肖敬修,薛培华. 湖盆三角洲分类的探讨. 石油勘探与开发,1982,9(1):1－10.

［6］孙永传,李蕙生. 碎屑岩沉积相和沉积环境. 北京:地质出版社,1986.

［7］李茂林,黎文清. 油气田开发地质基础. 北京:石油工业出版社,1979.

［8］王良枕,张金亮. 沉积环境和沉积相. 北京:石油工业出版社,1996.

［9］张惠良,杨海军,寿建峰,等. 塔里木盆地东河砂岩沉积期次及油气勘探. 石油学报,2009,30(6):835－842.

［10］国景星,王纪祥,张立强,等. 油气田开发地质学. 东营:中国石油大学出版社,2010.

［11］邓运华,彭文绪. 渤海锦州25－1S混合花岗岩潜山大油气田的发现. 中国海上油气,2009,2(3):145－156.

［12］邱家骧. 岩浆岩岩石学. 北京:地质出版社,1985.

［13］金毓荪,巢华庆,赵世远,等. 采油地质工程. 石油工业出版社,2003.

［14］李兴国,周宪城. 孤岛油田两类河流相储集层及其开发效果分析. 石油勘探开发,1982(2):44－51.

［15］武汉地质学院煤田教研室. 煤田地质学. 北京:地质出版社,1981.

［16］孔繁德. 秦皇岛山羊寨动物群及其生存环境的研究. 中国环境干部管理学院学报,2009,19(1):1－8.

［17］霍布斯 B E. 构造地质学纲要. 刘和莆,等译. 北京:石油工业出版社,1982.

［18］马永生,傅强,郭彤楼,等. 川东北地区普光气田长兴—飞仙关气藏成藏模式与成藏过程. 石油实验地质,2005,27(5):455－461.

附　　录

附录一　附　图

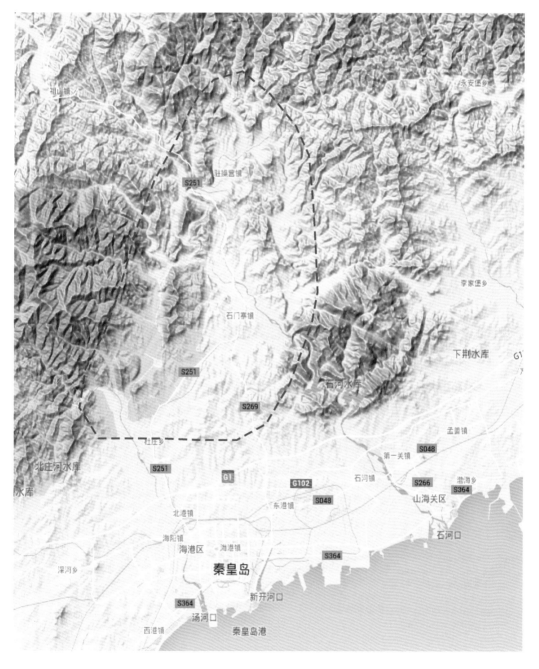

附图1　柳江盆地地貌图（截取于谷歌地图）

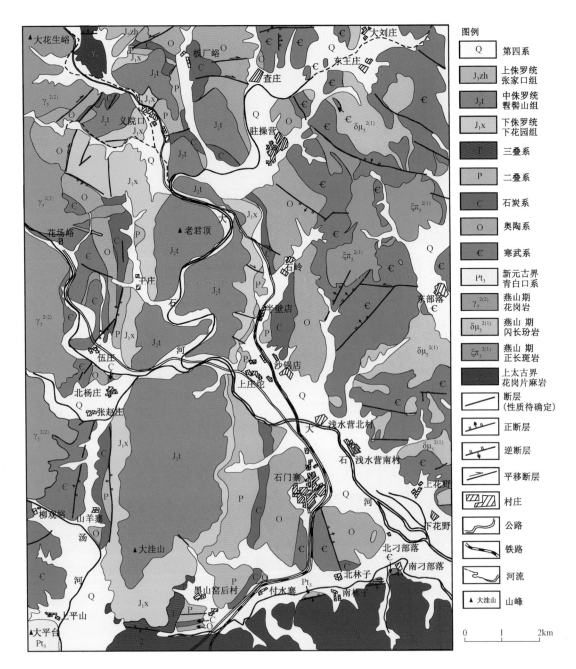

图例

Q	第四系
J₃zh	上侏罗统张家口组
J₂t	中侏罗统髫髻山组
J₁x	下侏罗统下花园组
T	三叠系
P	二叠系
C	石炭系
O	奥陶系
Є	寒武系
Pt₃	新元古界青白口系
γ₅²⁽²⁾	燕山期花岗岩
δμ₅²⁽¹⁾	燕山期闪长玢岩
ξπ₅²⁽¹⁾	燕山期正长斑岩
	上太古界花岗片麻岩

断层（性质待确定）
正断层
逆断层
平移断层
村庄
公路
铁路
河流
▲大洼山 山峰

0   1   2km

附图 2 柳江盆地地质简图（据《石门寨地质图》、柳江盆地地质博物馆等图件资料简化、修改）

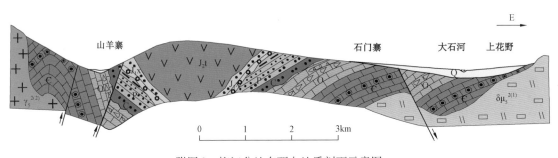

附图 3 柳江盆地东西向地质剖面示意图

附录二 现场照片

照片 1 赤土河三角洲前缘

照片 2 沼泽发育的赤土河三角洲平原

照片 3 捣米蟹潜穴以及沙丸

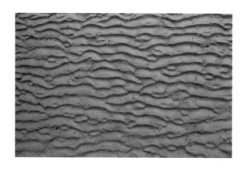

照片 4 不对称波痕

照片 5 宽波峰波痕

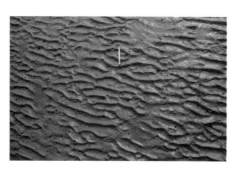

照片 6 窄波峰波痕

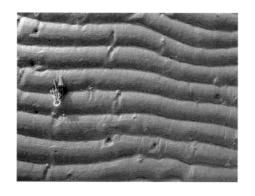

照片 7 圆顶波痕

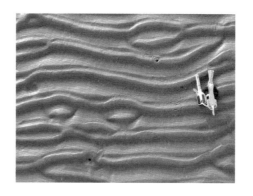

照片 8 双峰波痕

照片 9　秦皇岛山东堡海滩全貌

照片 10　风成沙丘表面的沙波纹

照片 11　山东堡海滩前滨内部的冲洗交错层理

照片 12　角闪安山岩，斑状结构、流纹构造

照片 13　上庄坨灰绿色角闪安山岩

照片 14　上庄坨磁铁矿安山岩

照片 15　上庄坨熔结集块岩

照片 16　上庄坨火山角砾岩

照片 17　上庄坨不同期次溢流相之间的界限

照片 18　上庄坨溢流相、火山爆发相和火山沉积岩相之间的接触关系

照片 19　大石河中游曲流河道特征

照片 20　粗粒块状花岗岩

照片 21　花岗岩中的晶洞构造

照片 22　角闪石风化后转换为绿泥石的现象

照片 23　祖山柱状节理发育的肉红色花岗岩

照片 24　秋子峪正长斑岩与石灰岩的侵入接触关系

照片 25　秋子峪背斜构造

照片 26　山羊寨岩墙及洞穴堆积

照片 27　亮甲山组砾屑灰岩、泥质条带灰岩

照片 28　亮甲山组竹叶状灰岩

照片 29　冶里组石灰岩中的海绵骨针化石

照片 30　亮甲山组石灰岩及辉绿岩岩床

底部高能
滞留单元

下部河道
充填单元

底部高能
滞留单元

照片 31　下石盒子组砾岩、含砾砂岩

照片 32　下石盒子组粗砂岩、中砂岩,板状交错层理

顶部洪水
消退单元

中部沙坝
加积单元

照片 33　下石盒子组粉砂岩、泥岩,水平纹理

照片 34　秦皇岛柳江庄下石盒子组辫状河砂体露头

照片 35　鸡冠山正长伟晶岩岩脉

照片 36　长龙山组中粒石英砂岩,槽状交错层理

照片 37　长龙山组中粒海绿石石英砂岩,
　　　　板状交错层理

照片 38　长龙山组中粒海绿石石英砂岩,
　　　　楔状交错层理

照片39 海绿石石英砂岩,羽状交错层理

照片40 细粒海绿石石英砂岩,波状交错层理

照片41 海绿石石英粉砂岩,波状、透镜状、脉状层理

照片42 海绿石石英砂岩,大型波痕

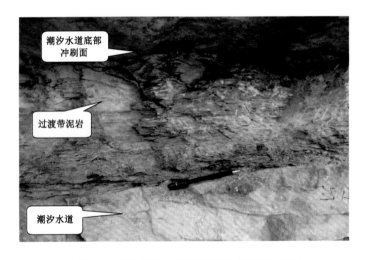

照片43 潮汐水道与过渡带泥岩冲刷接触关系

照片44 水平层理海绿石石英粉砂岩

照片45 古风化面、角度不整合面、冲刷构造

照片 46　含砾石英砂岩,冲洗交错层理　　　　照片 47　中粒石英砂岩,潮汐束状体、双黏土层

照片 48　中、粗粒石英砂岩、小型正断层

照片 49　平移断层、擦痕、阶步

照片 50　小型正花状构造

照片 51　汤河河谷远观图

照片 52　剪切带剖面　　　　　　　　照片 53　剪切带伴生的裂缝

照片54　石灰岩中断层被方解石脉充填　　　　　照片55　大型楔状、槽状交错层理粗砂岩

照片56　下临滨波纹层理海绿石石英粉砂岩

照片57　泥岩与粉砂岩互层，波状层理和水平层理

照片58　潮汐水道底部的冲刷构造和宽缓的槽状交错层理

照片 59　不同期次的潮汐水道叠置关系

照片 60　潮汐水道边部与过渡带泥岩的接触关系

照片 61　鸡冠山露头中不同沉积单元叠置关系

照片 62　网状河沉积体系露头

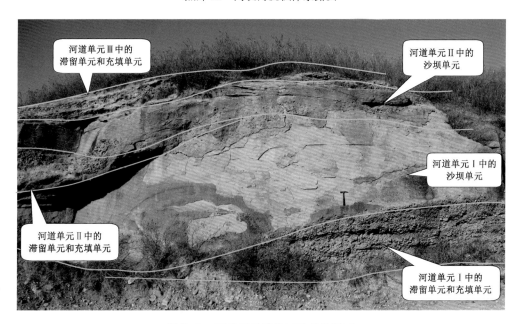

照片 63　下花园组辫状河道砂体剖面

照片 64　冲积扇中的扇中、扇端露头

照片 65　冲积扇中的扇跟亚相中的泥石流堆积

照片 66　扇中、扇端露头中砾岩、含砾砂岩、泥质粉砂岩和粉砂质泥岩，
块状构造、似平行层理和水平层理

照片 67　沙锅店花岗斑岩岩墙及断层

照片 68　沙锅店岩溶地貌

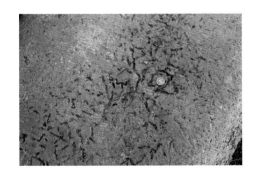

照片 69　石灰岩表面被溶蚀后呈"鸡爪纹"状

照片 70　被溶蚀成蜂窝状的石灰岩

照片 71　生物碎屑灰岩

照片 72　槽状交错层理粗砂岩、侧积交错层理中砂岩

照片 73　曲流河道、泛滥盆地、决口沉积

照片 74　扁菱鳞木化石

照片 75　扁菱鳞木和芦木化石

照片 76　卵脉羊齿和假星轮叶化石

照片 77　泥岩透镜体、碳质页岩及揉皱构造

照片 78　曲流河点沙坝砂体侧积结构

照片 79　网状河砂体剖面特征

照片80　喇嘛山岩墙以及与围岩的接触关系

照片81　老鹰窝侵出相—辉石安山岩

照片82　老虎石西侧岩石上发育的第二期、第三期海蚀凹槽

照片 83　雕塑基座上发育的第一、第二期海蚀凹槽

照片 84　条带状花岗片麻岩

照片 85　黑云母片麻岩

照片 86　黑云母片麻岩中的肠状构造

照片 87　黑云母片麻岩中的细晶岩岩脉透镜体

照片 88　花岗伟晶岩岩脉内的文象结构

照片89　花岗伟晶岩岩脉内部
二次充填的细晶岩岩脉

照片90　石英伟晶岩岩脉

照片91　花岗片麻岩中的风化缝

照片92　花岗片麻岩中的共轭剪节理

照片93　主节理间的羽状微节理

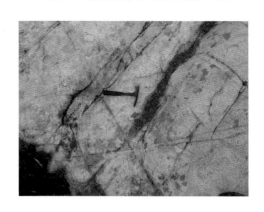

照片94　灰白色中粒花岗片麻岩中的三组节理

照片95　花岗片麻岩中的应力释放缝和溶蚀缝

照片96　板厂峪灰色火山集块岩

照片 97　浅肉红色火山角砾岩

照片 98　浅粉色、深灰色火山泥球凝灰岩

照片 99　浅灰色火山晶屑凝灰岩

照片 100　浅棕色粗面岩

照片 101　灰黑色粗安岩

照片 102　灰褐色、杂色石英粗面岩

照片 103　流纹构造粗面岩

照片 104　暗红色块状粗面岩

杂色中粗粒砂岩，水平层理，相当于浊积岩的D段

杂色中粗粒砂岩，波纹层理，相当于浊积岩的C段

杂色含砾砂岩，平行层理，相当于浊积岩的B段

杂色砾岩，递变层理，底部发育沟模底痕，相当于浊积岩的A段

杂色含砾砂岩，平行层理，相当于浊积岩的B段

杂色砾岩，递变层理，底部发育沟模底痕，相当于浊积岩的A段

照片 105　凝灰质砾岩、含砾砂岩、中粗粒砂岩

灰绿色石英粗面岩

浅棕色粗面岩

照片 106　火山颈两种岩相间的接触关系